高职高专系列教材

零部件测绘实训

（第二版）

王子媛　贺爱东　林海雄　编
李勤伟　主审

华南理工大学出版社
SOUTH CHINA UNIVERSITY OF TECHNOLOGY PRESS

·广州·

内 容 简 介

本书以零部件测绘流程为主线介绍零部件测绘的基础知识，并以实例形式介绍标准件、零件及部件的测绘方法和过程。

本书的特点是实用性强，通过实例讲解零部件的测绘方法，通俗易懂。书中配有大量图例和附表便于测绘中查阅参考。

本书可作为高职高专、中职中专学校机械类或近机类专业的工程制图教学的测绘实训教材，也可作为课程设计和毕业设计的教学参考用书。

图书在版编目（CIP）数据

零部件测绘实训/王子媛，贺爱东，林海雄编 . —2 版. —广州：华南理工大学出版社，2015.3（2019.1 重印）

高职高专系列教材

ISBN 978 - 7 - 5623 - 4555 - 8

Ⅰ. ①零… Ⅱ. ①王… ②贺… ③林… Ⅲ. 机械元件-测绘-高等职业教育-教材 Ⅳ. TH13

中国版本图书馆 CIP 数据核字（2015）第 037980 号

零部件测绘实训

王子媛　贺爱东　林海雄　编

出 版 人：卢家明

出版发行：华南理工大学出版社

（广州五山华南理工大学 17 号楼，邮编 510640）

http://www.scutpress.com.cn　E - mail：scutc13@scut.edu.cn

营销部电话：020 - 87113487　87111048（传真）

策划编辑：赖淑华

责任编辑：骆　婷　赖淑华

印 刷 者：虎彩印艺股份有限公司

开　　本：787mm×1092mm　1/16　印张：7.75　字数：198 千

版　　次：2015 年 3 月第 2 版　2019 年 1 月第 11 次印刷

印　　数：15 001～16 000 册

定　　价：19.00 元

第二版前言

《零部件测绘实训》一书自出版后受到广大读者的厚爱，得到同行的认可，并被多所院校指定为实训教材。编者为此表示欣慰和感动，这也鞭策我们把这本书编得尽善尽美。

教材应采用最新发布的国家标准，为配合国家标准的修订，我们对教材中采用的旧标准进行了替换和更新。除了对文字进行修改，还按新标准重新绘制部分图例。

具体修订主要在以下几方面：

（1）极限与配合中基本术语的修改；

（2）形状和位置公差用几何公差代替，基准符号的更改；

（3）用表面结构表示法表示零件的表面结构含表面粗糙度；

（4）标准件和常用件采用新标准，如键、轴承、齿轮的模数等；

（5）常用结构采用最新标准，如键槽等；

（6）测绘用的工具采用最新标准，如钢直尺、游标卡尺等。

另外，还对书中文字和图片出现的纰漏之处进行了完善。

欢迎选用本教材的师生和广大读者提出宝贵意见，以便修订时调整与改进。

编　者

2015 年 2 月

第一版前言

本书是针对高等职业教育中工程制图教学的制图测绘实践性环节而编写的实训教材。制图测绘实际上是对机械零部件进行测绘，因此也可称为零部件测绘。本书在编写过程中，始终贯彻"基础理论教学以必需和够用为度，以培养技能为教学重点"的原则，反映"高职高专"特色。

本书在内容上分为三大部分：

第一部分包括第1章和第2章。主要讲述零部件测绘的基础知识。这一部分是测绘工作中的共性内容，如测绘的步骤和流程、测绘的工具种类及其使用方法、草图的绘制技法、零件技术要求的初步确定等，这些内容可在零部件测绘过程中作为测绘资料供学生学习和参考。

第二部分包括第3章和第4章，主要讲述标准件和零件的测定。该部分以实例形式讲述标准件和零件的测定方法。虽然标准件在测绘过程中不用画草图和工作图，但在实际测绘中，学生对如何确定标准件的规格代号，以及在装配图中如何表达标准件感到困难，因此本书特别设立章节讲述这部分内容。另外针对需要绘制草图和零件图的一般零件，我们把零件分为轴套类、轮盘类、叉架类和箱体类四种类型，分别讲述这些不同类型零件的测绘方法和步骤，从而为部件测绘打下基础。

第三部分是第5章，主要讲述部件测绘的方法和步骤。该部分以典型的齿轮油泵测绘和减速器的测绘为实例，讲述部件测绘的测绘过程。由于第二部分对零件的测绘作了详尽介绍，所以该部分重点是对部件测绘的方法步骤以及对部件的装配图画法作详细介绍。

本书可作为各院校制图课程实训教学环节的补充教材，也可作为课程设计和毕业设计的教学参考用书。

参加本书编写工作的有广东轻工职业技术学院王子媛（第3、4章及附表的制表）、贺爱东（第2、5章）、林海雄（第1章）。全书由王子媛主编并统稿。

本书由广东轻工职业技术学院李勤伟副教授主审，钟飞、蔡珍、刘先湛等为本书的编写提供了宝贵建议及协助绘制书中的部分插图，在此表示衷心感谢。

由于编者水平所限，书中难免有缺点和错误，敬请读者指出，以便修订时更正并改进。

编　者
2008 年 12 月

目　　录

1 零部件测绘概述

借助测量工具（或仪器）对机械零件或部件进行测量，并绘出其工作图的全过程称为零部件测绘。

零部件测绘的对象通常是单个或多个机械零件、机器或部件，因此根据测绘对象不同，零部件测绘分为零件测绘和部件测绘。零部件测绘也可简称为"测绘"。

零件测绘是指对已有零件进行分析，确定其表达方案，绘制零件草图，测量尺寸，最后整理出零件工作图（简称零件图）的过程。

部件测绘是指对已有的机器或部件进行拆卸与分析，绘制出机器或部件的装配示意图，并对其所属零件进行零件测绘，确定装配图的表达方案，最终整理出机器或部件的装配图及其所属零件的零件图的过程。

1.1 零部件测绘的应用

（1）修复零件与改造已有设备

在维修机器或设备时，如果其某一零件损坏，在无备件与图样的情况下，就需要对损坏的零件进行测绘，画出图样以满足该零件再加工的需要；有时为了发挥已有设备的潜力，对已有设备进行改造，也需要对部分零件进行测绘后，进行结构上的改进而配制新的零件或机构，以改变机器设备的性能，提高机器设备的效率。

（2）设计新产品

在设计新机械产品时，有一种途径是对已有实物产品进行测绘，通过对测绘对象的工作原理、结构特点、零部件加工工艺、安装维护等方面进行分析，取人之长、补己之短，从而设计出比同类产品性能更优的新产品。

（3）仿制产品

对于一些引进的新机械或设备（无专利保护），因其性能良好而具有一定的推广应用价值，由于缺乏技术资料和图纸，通常可通过测绘机器设备的所有零部件，获得生产这种新机械或设备的有关技术资料，以便组织生产。这种仿制速度快，经济成本低。

（4）"机械制图"实训教学

零部件测绘是各类工科院校、高职院校"机械制图"教学中的一个十分重要的实践性教学环节。其目的是加强对学生实践技能的训练，培养学生的工程意识和创新能力。同时也是对"机械制图"课程内容进行综合运用的全面训练，有效锻炼和培养学生的动手能力、理论运用于实践的能力以及与人合作的精神。

1.2 零部件测绘步骤及流程图

1.2.1 零件测绘的步骤

零件的测绘步骤可按以下几方面进行。

（1）了解和分析零件

了解零件的名称、材料、用途、结构形状、大致加工方法。

（2）画零件草图

根据分析情况，确定零件的表达方案，徒手目测比例画出零件草图，并标注尺寸界线和尺寸线。

（3）测量尺寸并填写尺寸数值

集中测量草图上所需要的各类尺寸，填写尺寸数字、技术要求和标题栏。

（4）根据零件草图，整理画出零件工作图。

1.2.2 部件测绘的步骤

部件测绘的步骤一般按以下几方面进行。

（1）分析和了解测绘对象

测绘前的主要工作就是分析和了解测绘对象，包括：全面细致地了解测绘对象的用途、工作性能、工作原理、结构特点以及装配关系等，了解测绘内容和任务，做好人员分工，准备有关参考资料、拆卸工具、测量工具和绘图工具等。

（2）拆卸部件

要了解部件中各零件的装配关系，必须对其进行拆卸。拆卸过程一般按零件组装的反顺序逐个拆卸，对拆下的零件进行编号、分类、登记，弄清各零件的名称、作用等。

（3）绘制装配示意图

采用简单的线条和机构运动的常用图例符号绘制出部件大致轮廓的装配图样，以表达各零件之间的相对位置、装配与连接关系、传动路线及工作原理等，它是绘制装配工作图的重要依据。

（4）绘制零件草图

根据拆卸的零件，按照大致的比例，用目测的方法徒手画出具有完整零件图内容的图样，即零件草图。标准件可不画零件草图。

（5）测量零件尺寸

对拆卸的零件进行测量，将所测的尺寸和相关数据标注在零件草图上。

（6）绘制装配图

根据装配示意图和零件草图绘制装配图。这是测绘的主要任务。

（7）绘制零件工作图

根据零件草图和装配图，并结合有关零部件的图纸资料（零件的标准结构还必须查阅有关手册），整理并绘制零件工作图。

如果是测绘实践教学，则最后增加"测绘总结与答辩"环节，把在零部件测绘过程中所学到的测绘知识与技能，以及学习体会和收获用书面形式写出总结报告，并参加答辩。

1.2.3 零部件测绘流程图

把零件和部件的测绘步骤综合起来，归纳其测绘步骤的流程图如图1-1所示。

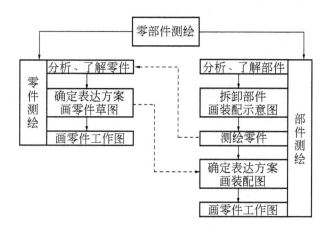

图1-1 零部件测绘流程图

1.3 零部件测绘的学时安排

1.3.1 测绘总学时

按照"机械制图"教学实践环节的基本要求，部件测绘学时数应根据所学专业的要求和测绘部件的零件数量及复杂程度，集中安排1～2周时间进行。

1.3.2 测绘内容及学时分配

部件测绘内容及学时分配见表1-1。

表1-1 部件测绘内容及学时分配参考表

序号	测绘内容	学时分配	
		两周测绘（天）	一周测绘（天）
1	组织分工、讲课	1	0.5
2	拆卸部件，绘制装配示意图	0.5	0.5
3	绘制零件草图，测量尺寸	2	1
4	绘制装配图	2	1.5
5	绘制零件工作图	1.5	1
6	审查校核	0.5	0.5
7	写测绘报告书	0.5	
8	答辩	1	另安排时间
9	机动	1	

1.4 零部件测绘的实训任务书

为了明确测绘目的，机械制图零部件测绘实训要下达任务书。在任务书里应提出测绘题目、测绘内容、图形比例和图幅大小及其他要求，并绘有部件装配示意图和工作原理说明以及测绘总学时，测绘人姓名、班级、指导教师等内容。

下面列出一些常见零部件测绘任务书的实例，供参考。

（1）齿轮油泵测绘任务书。

学年/学期	专业班级	姓名
测绘题目	齿轮油泵	
装配示意图		
工作原理	齿轮油泵是机器中用于输送润滑油的一个部件。当一对齿轮在泵体内作高速啮合运动时，啮合区内吸油腔的轮齿逐渐分离，空间压力降低而产生局部真空，油在大气压的作用下进入油泵的吸油口，随着齿轮的转动，齿槽间的油不断地被带到左边的出油口将油压出。齿轮油泵的动力是通过联轴器经主动齿轮轴传递给主动齿轮的	
测绘内容	1. 齿轮油泵装配图 1 张（2 号图纸） 2. 齿轮油泵各零件草图（标准件不用画） 3. 齿轮油泵各主要零件工作图（3 号或 4 号图纸）	
测绘学时	1 周	
	完成日期： 指导教师（签名）：	

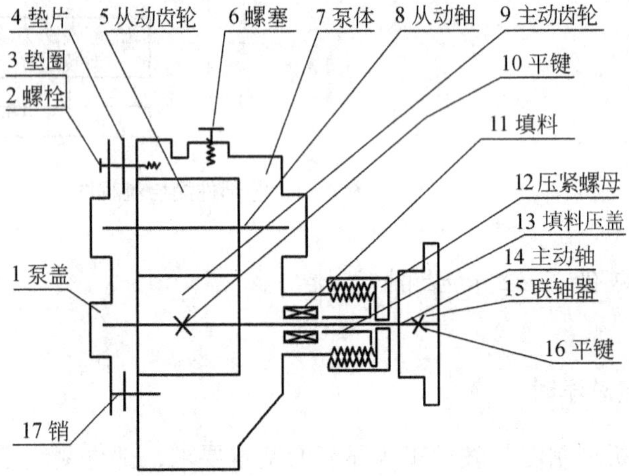

（2）一级圆柱齿轮减速器测绘任务书。

学年/学期	专业班级 姓名
测绘题目	一级圆柱齿轮减速器的测绘
装配示意图	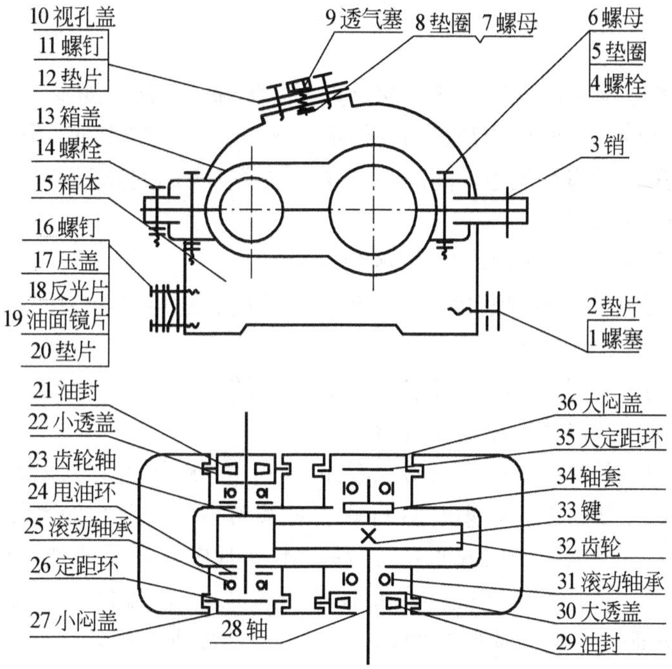 10 视孔盖　11 螺钉　12 垫片　13 箱盖　14 螺栓　15 箱体　16 螺钉　17 压盖　18 反光片　19 油面镜片　20 垫片　9 透气塞　8 垫圈　7 螺母　6 螺母　5 垫圈　4 螺栓　3 销　2 垫片　1 螺塞　21 油封　22 小透盖　23 齿轮轴　24 甩油环　25 滚动轴承　26 定距环　27 小闷盖　28 轴　29 油封　30 大透盖　31 滚动轴承　32 齿轮　33 键　34 轴套　35 大定距环　36 大闷盖
工作原理	齿轮减速器是安装在电动机和工作机械之间用于降低转速的部件。电动机的动力通过齿轮轴输入，由轴上的小齿轮将动力传递给大齿轮及所在的输出轴，便可将减速后的动力输出到工作机械。大小两个齿轮的齿数比即为减速器的传动比
测绘内容	1. 齿轮减速器装配图 1 张（1 号图纸） 2. 齿轮减速器各零件草图（标准件不用画） 3. 齿轮减速器各主要零件工作图（2 号或 4 号图纸）
测绘学时	1 周

完成日期：
指导教师（签名）：

2   零部件测绘基础

2.1   如何了解和分析测绘对象

根据测绘流程图可知，测绘前首先要了解和分析测绘对象。如果测绘对象是零件，就要对该零件的内、外形状和结构进行观察分析，了解零件的工作情况，弄清它在机器或部件中的功用以及与其他零件间的装配连接关系，为确定其正确的表达方案、技术要求作准备。具体做法如下：

（1）了解该零件的名称、用途和材料；

（2）对零件的结构形状进行分析。必要时，还应弄清它们在部件中的功用以及与其他零件间的装配连接关系；

（3）分析该零件的加工工艺。因为不同的加工顺序或加工方法对零件结构形状的表达、基准选择和尺寸标注都会有影响。

如果测绘的对象是一部机器或部件，应先对被测绘机器或部件外形仔细观察和分析，了解其外形结构特点。收集并参阅测绘对象的相关资料，如产品说明书（内容包括产品名称、型号、性能、使用说明）、产品样本（其中有产品的外形照片、结构简图等）、产品合格证（一般标有该产品的主要技术要求）、产品维修手册（一般有产品的结构拆卸图），以便概括了解该部件的性能、用途、工作原理、功能结构等特点以及各零件的装配关系。

2.2   常用拆卸工具

为进一步了解机器或部件内部各零件的装配情况以满足测绘的需要，必须要拆卸机器或部件。拆卸工作要借助工具来完成，常用的拆卸工具有以下几种。

（1）扳手类

扳手的种类很多，包括呆扳手、梅花扳手、活扳手、套筒扳手和内六角扳手等，如图2-1所示。其中呆扳手、梅花扳手、活扳手、套筒扳手用于紧固和拆卸一定尺寸范围内的六角头或方头螺栓、螺母。内六角扳手则专门用于紧固和拆卸内六角螺钉。

（2）钳子类

钳子类包括钢丝钳、尖嘴钳、挡圈钳和管子钳等，如图2-2所示。其中钢丝钳和尖嘴钳常用于夹持、剪断或弯曲金属薄片、细圆柱形件等；尖嘴钳则适合于狭小工作空间夹持小零件和切断或扭曲细金属丝；挡圈钳常用于安装和拆卸挡圈；管子钳用于紧固和拆卸圆形管状工件。

（3）螺钉旋具类

螺钉旋具俗称螺丝刀或起子，包括一字槽旋具和十字槽旋具，如图2-3所示。前者常用于拆卸或紧固各种标准的一字槽螺钉，后者用于拆卸或紧固各种标准的十字槽螺钉。

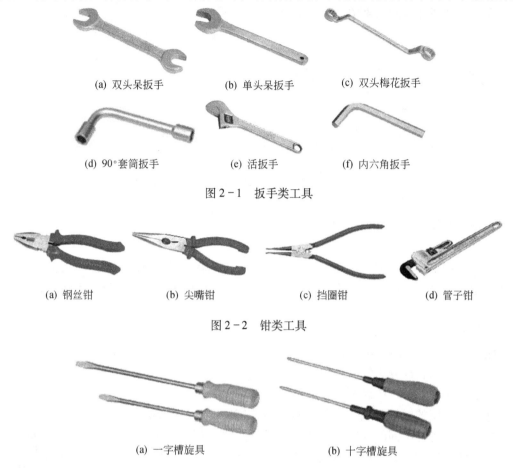

(a) 双头呆扳手　　　　(b) 单头呆扳手　　　　(c) 双头梅花扳手

(d) 90°套筒扳手　　　　(e) 活扳手　　　　(f) 内六角扳手

图 2-1　扳手类工具

(a) 钢丝钳　　　　(b) 尖嘴钳　　　　(c) 挡圈钳　　　　(d) 管子钳

图 2-2　钳类工具

(a) 一字槽旋具　　　　(b) 十字槽旋具

图 2-3　旋具类工具

（4）拉拔器

常见的拉拔器有三爪拉拔器和两爪拉拔器，如图 2-4 所示。常用于轴系零件如轮、盘或轴承等零件的拆卸，如图 2-5 所示。

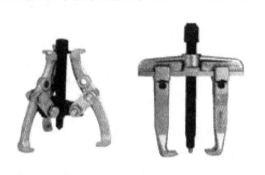

图 2-4　三爪拉拔器和两爪拉拔器

图 2-5　拉拔器拆卸轴承

（5）锤类及冲子

锤类包括钳工锤和铜锤。钳工锤和铜锤常用于装拆时敲击工件，如图 2-6a、b 所示。冲子用于拆卸圆柱销或圆锥销，如图 2-6c 所示。

(a) 钳工锤　　　　　　　　　　(b) 铜锤　　　　　　　　　　(c) 冲子

图 2-6　锤类及冲子

2.3　草图绘制基础

草图是指不使用绘图工具和仪器，以目测比例徒手绘制的图样。草图是工程人员进行交流、记录、构思、创作和测绘的有力工具，也是工程技术人员和工科学生必须掌握的基本技能之一。

（1）画草图的基本要求

①画线要稳，图线要清晰；

②目测实物各部分比例要均匀；

③绘图速度要快，中途不要频繁停顿；

④绘制草图的铅笔要软些（用 B 或 2B），笔尖削成圆锥形。

图形是由各种不同的线段（直线、圆弧、曲线）组成，练习徒手绘图的技能，必须从直线或圆弧的基本笔法开始，循序渐进，通过多练习逐步掌握。

（2）握笔的方法

画草图时，手握笔要比平时写字的位置高并放松，这样运笔时比较灵活且稳定。笔杆与纸面成 45°～60°，握笔稳而有力。正确握笔的姿势如图 2-7 所示。

图 2-7　正确握笔的姿势

2.3.1　直线画法

画直线时，手腕轻靠纸面，沿着画线方向移动，尽量保证图线的平直，如图 2-8 所示。

徒手画直线时应做到以下几点：

（1）画线时视线略超前一些，不宜盯着笔尖，眼睛要注意终点方向；

（2）画水平线时宜自左向右、画垂直线时宜自上而下运笔；

（3）画斜线的运笔方向以顺手为原则。若与水平线相近，自左向右，若与垂直线相近，则自上向下运笔。画短线时常以手腕运笔，画长线时则以手臂带动手腕运笔；

（4）为了便于控制图形大小比例和各图形间的关系，可利用方格纸画草图。

8

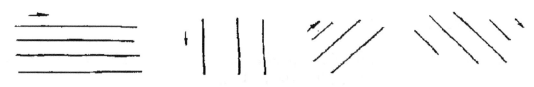

图 2-8　直线画法

2.3.2　圆的画法

徒手画圆时，先画出两条互相垂直的中心线，交点即为圆心，再根据半径的大小，用目测比例在中心线上截取四点作为圆的四分点，然后画四段四分之一圆弧完成整圆，如图2-9a 所示。当画大圆时，可过圆心增加两条对角线，按半径目测出各点，连接成圆，如图2-9b 所示。

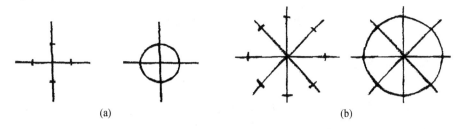

（a）　　　　　　　　　　　　　　　　　（b）

图 2-9　圆的画法

2.3.3　常用角度的画法

按特殊角度的两直角边的比例关系，定出终点，然后连接起点和终点即为所求的角度线。具体画法如下。

（1）45°角

由已知点画水平线，在水平线上任取一个长度点，然后以该点为垂足作垂线，在垂线上取与水平线同长的一个长度点，将该点和起点连线即为45°角，如图2-10a 所示。

（2）30°角

从已知点先画水平线，目测取任意五个等分点，以第五个等分点为垂足作垂线，在垂线上取等分点长度与水平线的等分点长度相同的三个等分点，将最后等分点与起点连线即为30°角，如图2-10b 所示。

（3）60°角

画法与30°角类似，如图2-10c 所示。

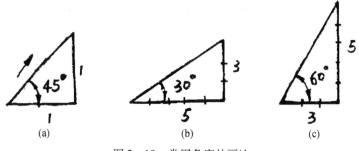

（a）　　　　　　　（b）　　　　　　　（c）

图 2-10　常用角度的画法

2.3.4　椭圆的画法

已知长短轴作椭圆。先画出椭圆的长短轴，过长短轴端点作长短轴的平行线，作一矩形，然后徒手作椭圆与矩形四边相切，如图 2-11 所示。

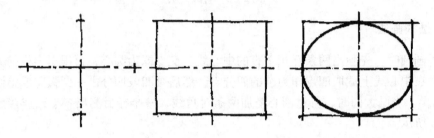

图 2-11　已知长短轴作椭圆

2.4　装配示意图的绘制方法

装配示意图是在机器或部件拆卸过程中按投影方向所画的记录图样，是绘制装配图和重新进行装配的依据。它所要表达的内容主要有各零件之间的相对位置、装配与连接关系、传动路线和工作情况等。在全面了解部件后，可以先画出部分装配示意图。只有在拆卸之后才能显示出零件间的装配关系，因此应该一边拆卸，一边补充，完成装配示意图。装配示意图可以先绘制成草图，然后再进一步整理。

画装配示意图时需注意以下几点：

（1）装配示意图的画法没有严格的规定，通常用简单的线条画出零件的大致轮廓；

（2）有些零件（如轴、轴承、齿轮、弹簧等）应参照国家标准 GB/T 4460—2013 中的规定符号表示（见附表1），若无规定符号则该零件用单线条画出其大致轮廓，以显示其形体的基本特征；

（3）画装配示意图时，对零件的表达一般不受前后层次的限制，其顺序可以从主要零件着手，依次按装配顺序把其他零件逐个画出；

（4）对于一些箱壳类零件，可假想为透明体，既画出外形轮廓，又画出其外部及内部与其他零件间的装配关系；

（5）相邻两零件的接触面之间最好留出空隙，以便区分零件。零件中的通孔可画成开口，以便清楚表达装配关系；

（6）装配示意图画好后，对各零件编序号并列表登记。应注意示意图、零件明细表、零件标签上的序号、名称要一致。

1.4 节的测绘任务书中的装配示意图，可供参考。

2.5 零件草图及零件工作图的绘制

2.5.1 零件草图

零件草图是指在测绘现场绘制,不需借助尺规等专用绘图工具,以目测实物的大致比例徒手画出的零件图样。

画零件草图的要求是:图不潦草、图形正确、线条清晰、尺寸齐全,并注写包括技术要求的有关内容。

(1)零件草图绘制的一般方法和步骤

①了解和分析零件,分析内容和方法见1.2节;

②拟定零件的表达方案;

③画零件草图。

具体实例参照第4章零件测绘。

(2)绘制零件草图的注意事项

①一般标准件(如螺栓、螺母、垫圈、键和销等)不必画零件草图,只要测出几个主要尺寸,根据相应的标准确定其规格和标记,然后将这些标准件的名称、数量和标记记录即可。具体方法可参阅第3章。标准件以外的其他零件都必须画出草图。

②零件的制造缺陷如缩孔、砂眼、刀痕及磨损部位不要画出。

③零件的细小结构不要忽略,如倒角、圆角、退刀槽、砂轮越程槽、中心孔等。采用简化画法时要标注其尺寸。

④对已损坏的零件要按原形修正绘出。

⑤对相邻零件有配合功能要求的尺寸,基本尺寸只需测量一个。如果测得的非配合尺寸为小数时,应尽量圆整为整数。

⑥测量尺寸时应在画好视图、注全尺寸界线和尺寸线后集中填写尺寸数字。

2.5.2 零件工作图的绘制

画零件工作图,不是简单地对零件草图照抄,而是以零件草图为基础,根据装配图,适当地调整表达方案来绘制零件工作图。

对画好的零件草图进行复核、修改、补充后,由零件草图绘制零件图,具体方法和步骤如下:

①确定比例。根据零件的实际尺寸和表达方案的复杂程度确定作图比例(尽量采用原形比例)。

②选择图幅。根据草图的表达方案及留出注写尺寸和技术要求的位置来确定图幅大小,尽量采用基本图幅。

③画底稿。在图纸上用绘图工具先画出图框和标题栏,根据布局画出各视图的基准线和定位线,按图形绘制基本方法及基本要求绘制零件图形,然后画尺寸界线和尺寸线。

④检查并加深图线。

⑤填写尺寸、技术要求和标题栏。

具体实例见第4章。

2.6　由零件草图拼画装配图的方法和步骤

装配图的表达对象是整台机器（或部件），它要反映机器（或部件）中全部零件之间的位置关系和装配关系，以及机器（或部件）的整体结构形状。部件装配图可以根据测绘出的零件草图和装配示意图上提供的零件间的连接方式和装配关系拼画而成。画装配图的过程也可以检验、校对零件形状和尺寸。

由零件草图拼画装配图的一般方法和步骤如下。

（1）分析零件草图并看懂装配示意图

首先应了解机器（或部件）的性能及结构特点，对装配体的完整形状做到心中有数。同时应看懂零件草图，对零件进行结构分析；通过装配示意图了解装配体的工作原理和各个零件之间的装配关系。

（2）确定装配图表达方案

装配图的视图选择原则是：在表达清楚机器（或部件）的工作原理、装配关系、零件的形状结构等的前提下，尽量用较少的视图。画装配图首先要选择主视图，同时兼顾其他视图的表达，最后通过综合分析确定一个比较好的表达方案。

主视图的选择方法：一般将机器（或部件）按工作位置或自然位置安放，使机器（或部件）的主要轴线、主要安装面等呈水平或垂直位置，并以最能反映机器（或部件）的主要零件结构的方向作为主视图的投射方向。

其他视图的选择：尽可能地考虑用基本视图及其剖视图来表达主视图没有表达清楚的内容，也可以使用其他表达方法来补充。

（3）画装配图

①视图的定位布局：表达方案确定以后，选取适当的比例和图幅，然后在图纸上布局各视图的位置，画出各视图的主要基准线、对称中心线、底面或端面线，作为画装配图的基线。部件的主轴线一般也是装配干线。另外，布局视图时，应该考虑各视图间留有标注尺寸、编写零件序号的位置和图幅右下角的标题栏及明细栏的位置。

②作图时，应几个视图配合着画，尽量用国家标准规定的特殊画法和简化画法，以提高作图速度。

③检查校对全图，清洁图面，描深图线并注出必要的尺寸。

④编写零、部件序号，填写明细栏、标题栏及技术要求等，完成全图。

具体实例见第5章实例。

2.7　测量工具及测量方法

完成草图后，应根据草图上标注的所需尺寸，集中测量尺寸。为减少测量所带来的误差，必须采用正确的测量方法以及熟练、准确和方便地使用测量工具。

2.7.1 测量工具及使用方法

（1）钢直尺（GB 9056—2004）

钢直尺是一种用不锈钢薄板制成的刻度尺，尺面上刻有公制的刻度线，刻线间隔一般为 1mm，钢尺的测量误差比较大，一般在 0.25～0.5mm 之间。钢直尺用于测量一般精度的线性尺寸。使用时，直尺有刻度的一边要与被测量的线性尺寸平行，0 刻度线对准被测量线性尺寸的起点，线性尺寸的终点所对应的刻度即为线性尺寸的读数值，如图 2-12 所示。

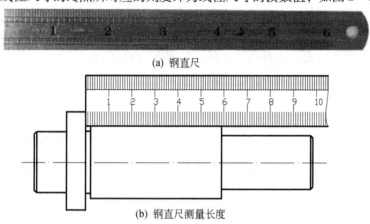

(a) 钢直尺

(b) 钢直尺测量长度

图 2-12　钢直尺及测量方法

（2）卡钳

卡钳是间接量具，必须与钢尺或其他带有刻度的量具结合使用才能读出尺寸。它分为内卡钳、外卡钳两种。外卡钳多用于测量回转体的外径和平行面间的距离，如图 2-13a 所示。内卡钳用于测量回转体内径和凹槽距离，如图 2-13b 所示。

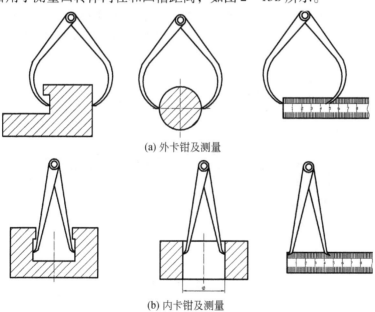

(a) 外卡钳及测量

(b) 内卡钳及测量

图 2-13　内、外卡钳的测量方法

卡钳开口大小的调节方法如图2-14所示。

用卡钳测量尺寸，主要靠手指的灵敏感觉来取得准确尺寸。测量时先将卡钳拉开到与被测零件尺寸相近的开度，然后轻调卡钳脚的开度。具体操作如下：

①用外卡钳测量回转体外径时，将调好尺寸的卡钳的两钳脚的连线与直径方向平行，然后放在被测零件上试量，不加外力，靠手指感觉钳脚与工件表面有轻微摩擦时，此时两卡钳脚的开度就是零件的外径，如图2-13a所示。

②用内卡钳测量内径时，将卡钳插入孔或槽边缘部分，使两钳脚测量面的连线垂直相交于内孔轴线，一个钳脚靠在孔壁上，另一个钳脚由孔口略偏里面一些逐渐向外试量，并沿孔壁的四周方向摆动，经过反复调整，直到卡脚摆动的距离最小，手指有轻微摩擦的感觉，此时内卡钳的开口尺寸就是内孔直径。如图2-13b所示。

③最后保持卡钳脚的开度不变，在直尺上读取尺寸，如图2-13所示。

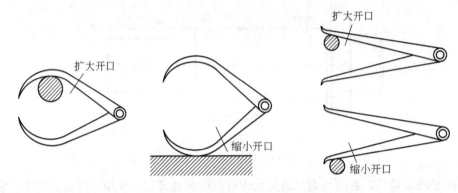

图2-14 卡钳开口大小的调整

（3）游标卡尺（GB/T 21389—2008）

游标卡尺是一种测量精度较高、使用方便、应用广泛的量具，常用于直接测量外径、内径、宽度、长度、深度和厚度。游标卡尺的种类虽多，但主要结构大同小异，如图2-15所示。

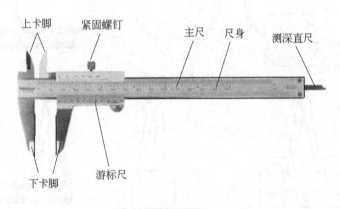

图2-15 游标卡尺外形结构

①游标卡尺的使用方法

测量外尺寸时，两下卡脚应张开到略大于被测尺寸后自由进入工件，然后移动游标尺用轻微的压力使两下卡脚轻轻夹住工件，此时两卡脚之间的开度即为被测尺寸，如图2-16a所示。

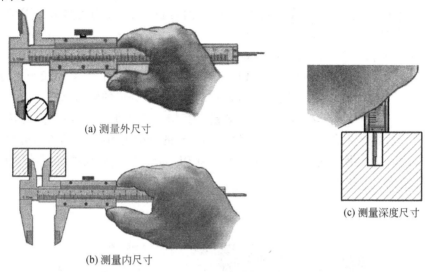

(a) 测量外尺寸

(b) 测量内尺寸

(c) 测量深度尺寸

图2-16 游标卡尺的使用

测量内尺寸时，两上卡脚应张开到略小于被测尺寸，再慢慢移动游标尺，张开两卡脚并轻轻地接触零件的内表面，便可读出工件尺寸，如图2-16b所示。

在测量深度时，把主尺端面紧靠在被测工件的端面上，再向零件孔（或槽）内移动游标尺，使测深直尺头部和孔（槽）底部轻接触，然后拧紧螺钉，锁定游标，取出卡尺读取尺寸，如图2-16c所示。

②游标卡尺的读数方法

现以精度为0.02mm的游标卡尺为例说明游标卡尺的读数方法。如图2-17所示，主尺上每一小格为1mm，每大格为10mm，副尺上每小格0.98mm，共50格，则主尺和游标尺每小格之差为$1-0.98=0.02$mm。

读数时，先在主尺上读出游标尺"0"刻线所对的主尺上左边第一条刻线的数值为测量值的整数部分；再找出游标尺上与主尺刻度准确对正的那一根刻度线，读出游标尺的刻度线数值，即为尺寸值小数部分；将整数部分加上小数部分之和即为被测零件的尺寸。如图2-17所示，其读数为：$133+0.22=133.22$mm。

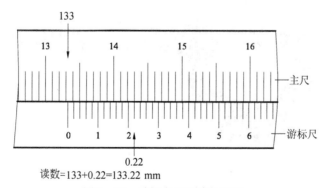

读数=133+0.22=133.22 mm

图2-17 游标卡尺的读数方法

③游标卡尺使用时的注意事项

a. 在使用游标卡尺之前，合拢卡脚，检查卡尺的主尺、游标尺的零线是否对齐；

b. 用游标卡尺测量时，卡脚与被测工件表面接触后，不要用力过大，以免卡脚变形或磨损，降低测量精度。

（4）外径千分尺（GB/T 1216—2004）

外径千分尺（简称千分尺）的主要用途是测量工件的外径和外尺寸，精度可达0.002mm，是精确量具，其外形结构如图2-18所示。千分尺的固定套筒上有一条小数指示线，其上、下各有一排间距为1 mm的刻线，互相错开0.5 mm，微分筒旋转一周将在固定套筒上沿轴向前进或后退0.5 mm。微分筒一周的刻度为50格，所以微分筒每转过一格，将在固定套筒上沿轴向移动0.5 mm/50＝0.01 mm，即千分尺的分度值为0.01 mm，比游标卡尺精确2～10倍。

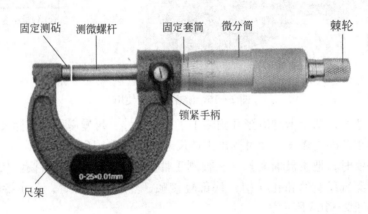

图2-18　千分尺外形结构

①外径千分尺的使用方法

千分尺使用前首先校对调整"0"位。然后旋转微分筒，将千分尺两测量面之间的距离（外尺寸）调整到略大于被测尺寸后，将被测量部位置于千分尺的两个测量面之间。旋转微分筒，使两测量面将要接触被测量点后开始旋转棘轮（测力装置），使两测量面密切接触被测量点，此时棘轮发出"咔、咔"声表示已拧到头了，此时可读取测量值。测量读数完毕后退尺时，应旋转微分筒，而不要使用旋转棘轮，以防拧松测力装置影响"0"位，如图2-19所示。

图2-19　外径千分尺测量直径

②千分尺的读数方法

a. 先读固定套筒上的整数尺寸。微分筒的棱边所指示的固定套筒上的上排刻度整数值，即为测量值以 1mm 作为单位的整数部分（必须注意不可遗漏应读出的 0.5mm 的刻度线值）。

b. 再读微分筒上的小数尺寸。读出微分筒圆周上与固定套筒的水平基准线（中线）对齐的刻度线数值，乘以 0.01 便是微分筒上的尺寸。若固定套筒的水平基准线（中线）介于微分筒的两个刻线之间，则小数的最后一位数可进行估算。

c. 读取总测量值。将上述两部分值相加，即得被测量值。如图 2-20 所示。

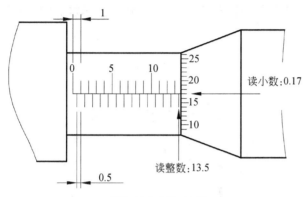

图 2-20　千分尺的读数方法

（5）游标万能角度尺（GB/T 6315—2008）

游标万能角度尺又称万能量角器，是用于直接测量工件内、外角度的量具，其形状结构如图 2-21 所示，它由主尺、游标尺、扇形板、基尺、直角尺、卡块、制动头等组成。

①游标万能角度尺的使用方法

a. 测量前，先把基尺和直尺合拢，检查游标尺 0 线是否与主尺零线对齐；

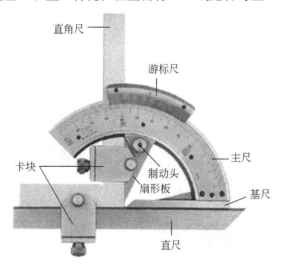

图 2-21　万能角度尺

b. 零位对齐后，放松制动头，移动主尺做粗调整，再转动游标尺背后手把作细微调整，直到两测量面与工件的两被测量表面紧密接触，然后拧紧制动头；

c. 移出角度尺，进行读数。

②万能角度尺的读数方法（读数原理与游标卡尺相同）

a. 先读主尺上"度"的数值。读主尺上最靠近游标尺"0"线的左边一条刻线的数值，它是角度的整数部分值。

b. 再读"分"的数值。游标尺上哪条刻线与主尺刻线对齐，则游标尺上该刻线的数值为被测角度的"分"的数值。

c. 将"度"值与"分"值两部分相加得出被测角度数的实际数值。如图 2-22 所示的读数为15°30′。

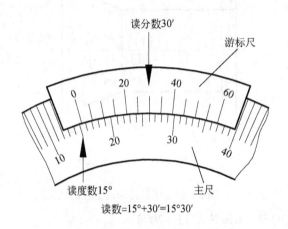

读=15°+30′=15°30′

图 2-22　万能角度尺的读数方法

（6）其他量具

①半径样板

半径样板简称 R 规，用于测量圆角。如图 2-23 所示，每套 R 规有很多片，一半测量凹形圆弧，一半测量凸形圆弧，每片均刻有圆弧半径的大小字样。测量时，只要在 R 规中找到与被测部分完全吻合的一片，即可知圆角半径大小的数值，如图 2-24 所示。

②螺纹规

图 2-23　半径样板

18

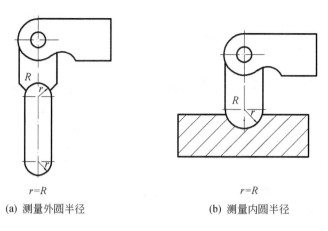

(a) 测量外圆半径　　　　　　　(b) 测量内圆半径

图 2－24　半径样板使用方法

螺纹规是用于测量螺纹螺距的量具。每套螺纹规有很多片，每片有螺纹样板，上面刻有样板螺纹对应的螺距值，如图 2－25 所示。

图 2－25　螺纹规

测量螺纹时，先选一片螺纹样板在被测螺纹上进行初试其吻合程度，如果样板牙形与被测螺纹的牙型表面不密合，可换一片再试，直到某一片样板与被测螺纹密合。此时所用的样板上标出的螺距值即为被测螺纹的实际螺距值，如图 2－26 所示。

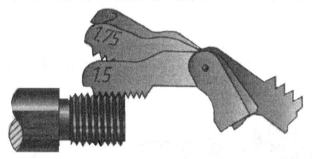

图 2－26　螺纹规测量螺距

2.7.2　零件尺寸的测量方法

零件尺寸测量方法有三种：直接测量法、组合测量法和其他测量法。

（1）直接测量法

用测量工具在零件上测量，直接量得尺寸。如：

①用钢直尺直接测量长度、高度、底板厚度等尺寸，如图 2－12b 所示；

19

②用游标卡尺直接测量长度、直径、孔距等尺寸，如图 2-16 所示；

③圆角测量和螺纹螺距的测量，如图 2-24、图 2-26 所示。

（2）组合测量法

用一种量具不能直接测量或是测量后不能直接得到测量尺寸，而要几种量具组合使用才能满足要求。如：

①用钢尺、外卡钳组合测量外圆直径和壁厚，如图 2-13a 所示；

②用钢尺、内卡钳组合测量内圆直径（图 2-13b）和中心距。

（3）其他测量法

对于不能使用量具直接测量的圆弧线、曲线等，先采用拓印法或铅丝法、坐标法，再利用作图和计算方法求出其尺寸大小。

①铅丝法测量

当零件的表面是由曲线回转形成时，为求出曲线的曲率半径，可用铅丝法测量。具体做法：先将软铅丝沿该零件上的某根素线贴紧并使其弯曲成形，再将铅丝放平在纸上勾画出该素线的实形，然后用中垂线法求得各段圆弧的中心，再量取得到半径。

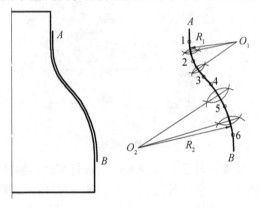

图 2-27　铅丝法

②坐标法

坐标法是用钢直尺或三角板定出曲线和曲面上各点的水平和垂直方向的坐标值，然后按坐标在图纸上定出各点，用曲线板依次连成曲线，再求出曲率半径的一种测量方法，如图 2-28 所示。

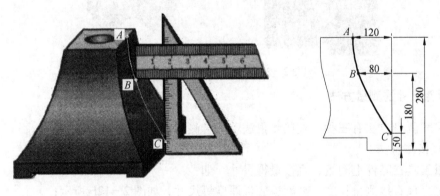

图 2-28　坐标法

2.7.3 尺寸测量中的注意事项

（1）对已经磨损的零件尺寸，要作适当分析。必要时可测量与其配合的零件尺寸从而得出其合适的尺寸。

（2）对零件上的配合尺寸，一般只需测出基本尺寸，根据使用要求选择合理的配合性质，查表后确定其相应的偏差值。对于非配合尺寸或不重要尺寸，应将测得的尺寸圆整。详见2.8节内容。

2.8　尺寸的圆整

由于零件存在着制造误差、测量误差以及使用中的磨损量，因此按实际测量出的尺寸往往不是整数，因此，在绘制图样时应根据零件的实际尺寸值推断原设计尺寸。这个过程就称为尺寸圆整。

2.8.1　常规设计（即标准化设计）尺寸圆整

常规设计指标准化设计。测量常规设计的零部件尺寸，圆整尺寸时一般都将实测尺寸查标准尺寸表（附表2）按 R10、R20、R40 系列，取最靠近实测值的那个值。对于配合尺寸按 R'10、R'20、R'40 优先数的圆整数取值。

【例2-1】　实测一轴的直径尺寸为 24.978mm，轴向长度为 84.99mm，测绘后按常规设计圆整。

解：根据轴的实测尺寸，查附表2，有 R'10 系列 25，即得到公称尺寸 25mm 靠近实测值。轴向长度值查 R'40 系列的 85，得到公称尺寸 85mm，符合。因此直径圆整为 25mm，长度圆整为 85mm。

2.8.2　非常规设计（即非标准化设计）尺寸圆整

由于在设计和制造中，一般公称尺寸和尺寸公差数值不一定都是标准化数值，因此尺寸圆整的一般原则是：性能尺寸、配合尺寸、定位尺寸在圆整时，允许保留到小数点后一位，个别重要的和关键性的尺寸，允许保留小数点后两位，其他尺寸则圆整为整数。

将实测尺寸圆整为整数或带一两位小数时，尾数删除应采用"四舍六入，五单成双"法，即尾数删除时，逢四以下舍，逢六以上进，遇五则以保证偶数的原则决定进舍。

例如：21.6 应圆整成 22（逢六以上进）；25.3 应圆整成 25（逢四以下舍）；57.5 和58.5 都应圆整成 58（遇五则保证圆整后的尺寸为偶数）。

2.8.3　一般尺寸的圆整

一般尺寸为未注公差的尺寸。圆整这类尺寸，一般不保留小数，圆整后的公称尺寸要符合国家标准规定。查标准尺寸表（附表2）确定。

2.9 技术要求的确定

在测绘零件中，除了确定零件的公称尺寸，还要确定零件的尺寸公差和形位公差、表面粗糙度、材料及热处理等技术要求，并将这些技术要求在图样上表示出来。

2.9.1 尺寸公差的确定

尺寸公差是对加工尺寸给出一个合理的加工范围的技术要求。

尺寸公差一般从公差等级的确定、基准制的选择和配合的选择等方面来考虑。

1. 公差等级的确定

公差等级常用类比法。类比各个公差等级的应用范围和根据各种加工方法所能达到的公差等级来选取。附表 3 和附表 4 是公差等级的具体应用，附表 5 是各种加工方法可能达到的公差等级。基本尺寸小于 500mm 时的标准公差数值可参看附表 6。

类比法确定公差等级，基本原则是满足使用要求的前提下，尽量选择低的公差等级。并考虑以下方面综合确定：

（1）被测零件要求精度高、被测部位重要、配合表面粗糙度小，则被测部件公差等级就高；反之则公差等级就低；

（2）考虑孔和轴的工艺等价性。当公称尺寸 ≤500mm 的配合，公差等级 ≤IT8 时推荐选择轴的公差等级比孔的公差等级高一级，当公差等级 > IT8 或是公称尺寸 > 500mm 的配合，推荐孔和轴公差等级相同。

2. 基准制的选择

基准制包括基孔制和基轴制两种。从工艺和经济性能考虑，一般优先采用基孔制。

以下几种情况可以选用基轴制。

（1）零件轴不用加工或是极少加工，直接采用圆钢型材且公差在 IT7 ～ IT10 级时；

（2）在同一基本尺寸的轴上需要装配几个具有不同配合性质的零件时；

（3）和标准件配合时，应将标准件作为基准，如：和键配合的键槽采用基轴制，和滚动轴承配合的孔为基轴制，且在装配图上只标注非标准件的配合代号；

（4）特大件与特小件，可考虑基轴制。

3. 配合的选择

在生产实际中，选择配合也常用类比法。附表 9 为优先配合的配合特性和应用，可供类比时选择参考。

线性尺寸公差应遵循 2009 年发布的国家标准《极限与配合》。如根据公差带代号查上、下极限偏差值，应查 2009 年发布的 GB/T 1800.1。孔和轴的极限偏差可由附表 8 和附表 9 查取。

4. 尺寸未注公差的确定

未注公差是指在图样上未标注公差尺寸的公差。一般非配合尺寸或要求不高的尺寸加工时都按未注公差来处理，在图样上这类尺寸不标出公差，只标出其基本尺寸。根据 GB/T 1804—2000 的规定，未注公差分为四个公差等级，即精密级 f、中等级 m、粗糙级 c 和最粗级 v。当根据产品精密程度选定未注公差等级后，即可按公称尺寸尺寸由表 2-1 中查出线性尺寸的未注公差尺寸的极限偏差数值。

表 2-1　线性尺寸的未注公差尺寸的极限偏差数值

单位：mm

公差等级	基本尺寸分段							
	0.5～3	>3～6	>6～30	>30～120	>120～400	>400～1000	>1000～2000	>2000～4000
精密 f	±0.05	±0.05	±0.1	±0.15	±0.2	±0.3	±0.5	—
中等 m	±0.1	±0.1	±0.2	±0.3	±0.5	±0.8	±1.2	±2
粗糙 c	±0.2	±0.3	±0.5	±0.8	±1.2	±2	±3	±4
最粗 v	—	±0.5	±1	±1.5	±2.5	±4	±6	±8

2.9.2　几何公差的确定

零件的几何误差对机器或部件的工作精度、连接强度、运动平稳性、密封性、耐磨性和使用寿命等都有直接的影响。因此在机械加工中，不但要限制零件的尺寸误差，还要对零件的几何误差加以限制，即规定适当的形状和位置公差，简称几何公差。

几何公差包括形状公差、方向公差、位置公差和跳动公差四个项目。几何公差的几何特征及符号如表 2-2 所示。

表 2-2　几何特征符号

公差类型	几何特征	符号	有无基准	公差类型	几何特征	符号	有无基准
形状公差	直线度	—	无	位置公差	位置度	⊕	有或无
	平面度	▱	无		同心度（用于中心点）	◎	有
	圆度	○	无				
	圆柱度	⌀	无		同轴度（用于轴线）	◎	有
	线轮廓度	⌒	无				
	面轮廓度	⌓	无		对称度	＝	有
方向公差	平行度	//	有		线轮廓度	⌒	有
	垂直度	⊥	有		面轮廓度	⌓	有
	倾斜度	∠	有	跳动公差	圆跳动	↗	有
	线轮廓度	⌒	有		全跳动	↗↗	有
	面轮廓度	⌓	有				

在测绘中，几何公差的选用，一般可参照相同场合的有关资料确定其等级，再按国标查取公差值，见附表 10～附表 13。

形位公差各等级的应用场合举例见附表 14～附表 17。

当对零件的几何公差无须提出较高要求，且一般机加工工艺即可保证其要求时，则该几何公差可作未注公差处理。

2.9.3 表面粗糙度的表示法及选用

表面结构是表面粗糙度、表面波纹度、表面缺陷、表面纹理和表面几何形状的总称。表面粗糙度是零件表面微观的几何状况，它反映零件的表面质量情况，对零件的使用性能，如摩擦与磨损、配合性质、疲劳强度、接触刚度等有很大影响，因此在测绘中正确确定被测零件的表面粗糙度是很必要的。

1. 表面结构的图形符号

在图样上，通过标注表面结构代号来表示表面粗糙度要求。表面结构图形符号、名称及其含义见表 2-3。

表 2-3　表面结构图形符号及其意义

符号	意义及说明
$\sqrt{}$	基本符号，表示表面可用任何方法获得。当不加注粗糙度参数或有关说明时，仅适用于简化代号标注
$\sqrt{}$	基本符号加一短线，表示表面是用去除材料的方法获得。如：车、铣、钻、磨、剪切、抛光、腐蚀、电火花加工、气割等。仅当其含义为"被加工表面"时可单独使用
$\sqrt{}$	基本符号加一小圆，表示表面是不用去除材料的方法获得。如：铸、锻、冲压变形、热轧、冷轧、粉末冶金等。或者是用于保持原供应状况的表面（包括保持上道工序的状况）
$\sqrt{}$ $\sqrt{}$ $\sqrt{}$	在上述三个符号的长边上均可加一横线，用于标注有关参数和说明
$\sqrt{}$ $\sqrt{}$ $\sqrt{}$	在上述三个符号的长边上均可加一小圆，表示所有表面具有相同粗糙度要求

2. 表面结构代号及其含义

在表面结构图形符号中，按功能要求加注一项或是几项有关的评定参数值后，称为表面结构代号。表面结构代号及其含义见表 2-4。

表 2-4　表面结构代号示例

表面结构代号	含义及说明
$\sqrt{R_a 12.5}$	表示可用任何方法获得表面，单向上限值，R_a 为 $12.5\mu m$
$\sqrt{R_a max 12.5}$	表示用去除材料方法获得表面，单向上限值，R_a 的最大值为 $0.8\mu m$

表面结构代号	含义及说明
$\sqrt{R_z0.4}$	表示不用去除材料的方法获得的表面，单向上限值，R_z 为 $0.4\mu m$
$\sqrt{\begin{array}{l}U\,R_a\max 3.2\\L\,R_a0.8\end{array}}$	表示用不去除材料的方法获得的表面，双向极限值，上限值 R_a 为 $3.2\mu m$，下限值 R_a 为 $0.8\mu m$

3．表面结构要求在图样中的注法

表面结构要求对每一个表面一般只注写一次，并尽可能注写在相应的尺寸及其公差的同一视图上。除非另有说明，所标注的表面结构要求是对完工零件表面的要求，见表2-5。

表2-5　表面结构要求在图样上的注法

图　例	说　明
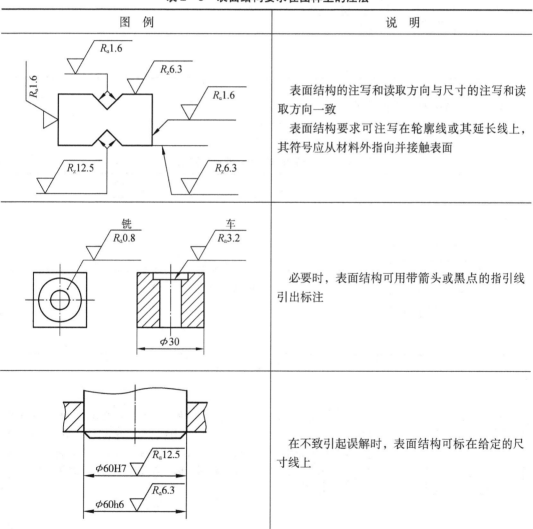	表面结构的注写和读取方向与尺寸的注写和读取方向一致 表面结构要求可注写在轮廓线或其延长线上，其符号应从材料外指向并接触表面
	必要时，表面结构可用带箭头或黑点的指引线引出标注
	在不致引起误解时，表面结构可标在给定的尺寸线上

25

图　例	说　明
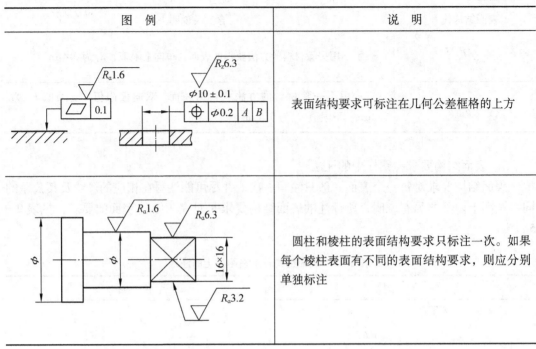	表面结构要求可标注在几何公差框格的上方
	圆柱和棱柱的表面结构要求只标注一次。如果每个棱柱表面有不同的表面结构要求，则应分别单独标注

4. 表面结构要求在图样中的简化注法

有相同表面结构要求的简化注法见表 2-6。

表 2-6　表面结构要求的简化注法

图　例	说　明
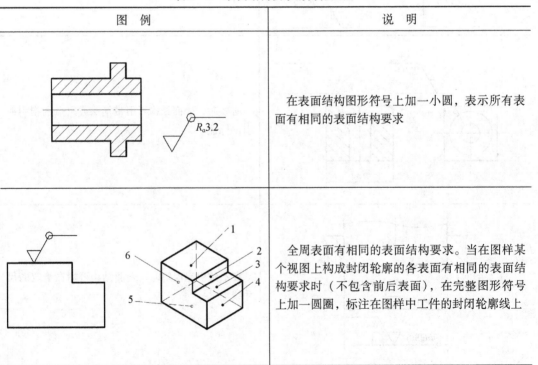	在表面结构图形符号上加一小圆，表示所有表面有相同的表面结构要求
	全周表面有相同的表面结构要求。当在图样某个视图上构成封闭轮廓的各表面有相同的表面结构要求时（不包含前后表面），在完整图形符号上加一圆圈，标注在图样中工件的封闭轮廓线上

图　例	说　明
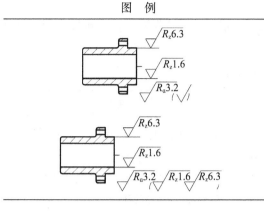	如果工件的多数表面有相同的表面结构要求，则其表面结构要求可统一标注在图样的标题栏附近。此时，表面结构要求的符号后面应有： 　　在圆括号内给出无任何其他标注的基本符号，见上图。 　　在圆括号内给出不同的表面结构要求，见下图。 　　不同的表面结构要求应直接标注在图形中
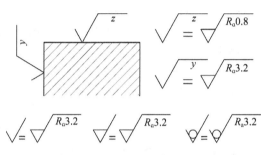	简化注法： 　　用带字母的完整符号，以等式的形式，在图形或标题栏附近，对有相同表面结构要求的表面进行简化标注，见上图。 　　用表面结构符号，以等式的形式给出对多个表面共同的表面结构要求，见下图

5．表面粗糙度的确定

确定表面粗糙度的方法很多，常用的方法有：比较法、测量仪测量法、类比法。这里介绍类比法。采用类比法的一般选用原则是：

（1）零件的工作表面的粗糙度比非工作表面要小。

（2）摩擦表面的粗糙度值比非摩擦表面要小，滚动摩擦表面的粗糙度值比滑动摩擦表面要小。

（3）配合表面的粗糙度值比非配合表面要小。配合性质相同时，小尺寸的表面粗糙度值比大尺寸要小，轴的表面粗糙度值比孔要小。

（4）具有尺寸公差和形位公差要求的表面，其粗糙度值应较小。

（5）具有防腐性、密封性要求高、外表美观等表面粗糙度值应较小。

总之，在选择表面粗糙度参数值时，应认真分析被测表面的作用、加工方法、运动状态等，根据经验统计资料来初步选定表面粗糙度参数值，同时参照附表18典型零件表面粗糙度参数值、附表19各种方法所能达到的 R_a 值、附表20表面粗糙度与尺寸公差和形位公差的对应关系表做适当调整。

2.10　零件材料的确定

测绘中对零件材料的确定是一项重要内容。对零件材料的确定通常有类比法、火花鉴别法、化学分析法、光谱分析法、金相组织观察法和被测件表面硬度的测定等方法。

测绘中，对一般用途的零件，可参照应用场合雷同的零件材料选取，或查阅有关图纸、材料手册等，来确定零件材料。下面介绍一些机械零件常用的材料。

1. 轴的材料与热处理

轴上通常要安装一些带轮毂的零件，因此要求轴的材料有良好的综合机械性能，轴常采用中碳钢、中碳合金钢。见表 2-7。

表 2-7　轴的常用材料及其热处理

工作条件	材料与热处理
用滚动轴承支承	45、40Cr，调质 220～250HBS；50Mn，正火或调质 270～323HBS
用滑动轴承支承，低速轻载或中载	45，调质，225～255HBS
用滑动轴承支承，速度稍高，轻载或中载	45、50、40Cr、42MnVB，调质 228～255HBS；轴径表面淬火，45～50HRC
用滑动轴承支承，速度较高，中载或重载	40Cr，调质 228～255HBS；轴径表面淬火≥54HRC
用滑动轴承支承，高速中载	20、20Cr、20MnVB，轴径表面渗碳，淬火，低温回火，58～62HRC
用滑动轴承支承，高速重载，冲击和疲劳应力都高	20CrMnTi，轴径表面渗碳，淬火，低温回火，≥59HRC
用滑动轴承支承，高速重载，精度很高（≤0.003mm），承受很高疲劳应力	38CrMoAlA，调质 248～286HBS，轴径渗氮≥900HV

2. 齿轮的材料与热处理

齿轮工作时通过齿面接触传递动力，两齿面相互啮合，既有滚动，又有滑动。性能方面要求高的疲劳强度和抗拉强度、高的表面硬度和耐磨性适当的心部强度和足够的韧性。见表 2-8。

表 2-8　齿轮的材料与热处理

工作条件	材料及热处理
低速轻载	45 调质 200～250HBS
低速中载，如标准系列减速器齿轮	45、40Cr，调质，200～250HBS

工作条件	材料及热处理
低速重载或中速中载，如车床变速箱中的次要齿轮	45，表面淬火，350～370 中温回火，齿面硬度 40～45HRC
中速重载	40Cr、40MnB，表面淬火，中温回火，齿面硬度 45～50HRC
高速轻载或中载，有冲击的小齿轮	20、20Cr、20CrMnVB，渗碳，表面淬火，低温回火，齿面硬度 52～62HRC；38CrMoAl，渗氮，渗氮深度 0.5mm，齿面硬度 50～55HRC
高速中载，无猛烈冲击，如车床变速箱中的齿轮	20CrMnTi，渗碳，淬火，低温回火，齿面硬度 56～62HRC
高速中载，模数 >6mm	20CrMnTi，渗碳，淬火，低温回火，齿面硬度 52～62HRC
高速重载，模数 <5mm	20Cr、20Mn2B，渗碳，淬火，低温回火，齿面硬度 52～62HRC
大直径齿轮	ZG340～640，正火，180～220HBS

3. 箱体类零件的材料

箱体零件是机器及部件的基础件，它将机器及部件中的轴、轴承和齿轮等零件按一定的相互位置关系装配成一个整体，并按预定传动关系协调其运动。箱体类常见零件有：机床上的主轴箱、变速箱、进给箱和溜板箱，内燃机缸体和缸盖、泵壳、床身、变速机箱体。主要受压应力，也受一定的弯曲应力和冲击力。因此要求具有足够的刚度、抗拉强度和良好的减震性。

箱体零件常用的材料如表 2-9 所示。

铸造或箱体毛坯中的残余应力会使箱体产生变形。为了保证箱体加工后精度的稳定性，对箱体毛坯或粗加工后要用热处理方法消除残余应力，减少变形。常用的热处理措施有以下三类：

（1）热时效。铸件在 500～600℃下退火，可以大幅度地降低或消除铸造箱体中的残余应力。

（2）热冲击时效。将铸件快速加热，利用其产生的热应力与铸造残余应力叠加，使原有残余应力松弛。

（3）自然时效。自然时效和振动时效可以提高铸件的松弛刚性，使铸件的尺寸精度稳定。

表 2-9　箱体类零件的材料

工作条件	材料和热处理
受力较大，要求高的抗拉强度，高韧性（或在高温高压下工作）	铸钢
受力不大，且受静压力，不受冲击	灰铸铁 HT150、HT200
相对运动件（有摩擦、易磨损）；抗拉强度要求较高	灰铸铁如 HT250 或孕育铸铁，HT300 或 HT350
受力不大，要求轻且热导性好的小型箱体件	铝合金铸造如 ZAlSi5Cu1Mg（ZL105），ZAlCu5Mn（ZL201）
受力小，耐蚀的轻件	工程塑料，ABS 有机玻璃、尼龙
受力较大，形状简单件或单件	型钢焊接如 Q235 或 45 钢

3 标准件及常用件的测定

在机械产品中，有些零件（如螺纹紧固件、键、销）或部件（如轴承），由于使用广泛，已由国家标准部门对它们的结构和尺寸实行了标准化，并由专门厂家成批生产，无需单独制造，这些零件（或部件）叫标准件（或标准部件）。使用标准件时，按规定标记直接外购即可，另外也可以根据其规定标记在相应的标准中查出有关的型式、结构和尺寸。在设计时不需要绘制标准件或标准部件的零件图，只需在装配图上采用特殊表示法将其绘出，因此测绘时一般也不用画其草图。还有些零件，如齿轮、弹簧等，它们的部分参数实行了标准化，因此叫作常用件。常用件在测绘时需要画出草图，其标准化部分可用特殊表示法画出，其余部分按投影视图来表达。

本章主要介绍测绘时确定常用标准件（标准部件）标记及代号的方法和步骤，以及常用件特殊结构的测量、各部分参数的确定方法。

3.1 测绘中标准件或标准部件的处理方法

标准件或标准部件在测绘中，不需要绘制草图，只要将它们的主要尺寸测量出来，查阅有关设计手册，就能确定它们的规格、代号、标注方法、材料和质量等，然后将其填入表3-1所示的标准件明细表中。

表3-1 标准件（或部件）明细表

序号	名称及规格	材料	数量	标准号或代号

3.2 螺纹紧固件的标记测定

常用的螺纹紧固件有螺栓、螺钉、螺柱、螺母和垫圈等。对螺纹紧固件测绘后只需要确定其规定标记，不用画草图。

现以螺栓、螺母为例介绍确定其规定标记的方法和步骤。

【例3-1】 通过测量，确定如图3-1所示六角头螺栓的规定标记。

图3-1 测绘六角头螺栓

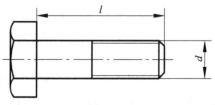

图3-2 测量 l 和 d

31

1. 确定标记的方法与步骤

（1）观察螺栓外形，可以判断该螺纹紧固件名称为六角头螺栓，查附表 23 或相关设计手册确定其标准代号为 GB/T 5782—2000。

（2）测量大径 d，如图 3－2 所示。外螺纹大径尺寸用游标卡尺直接测量取整，$d = 12$mm。

（3）测量螺栓有效长度 l，如图 3－2 所示。用直尺直接量出长度 $l = 100$mm。

（4）测量螺距 P。测得 $P = 1.75$mm，查附表 21 确定 $P = 1.75$ 属于粗牙螺纹（如果测得 P 为 1.5mm、1.25mm、1mm 时，则为细牙螺纹）。

（5）目测螺纹的线数和旋向。目测结果：单线、右旋。

（6）将测量结果与手册中的参数进行比对，选取相近的标准数值，确定螺栓的标记为：螺栓 GB/T 5782 M12×100。

2. 说明

（1）测量螺距通常有两种方法。

方法一：直接测量法（图 2－28）。直接用螺纹规测量螺纹螺距，这是常用方法。

方法二：用压痕法测量螺距（图 3－3）。在没有螺纹规的情况下，可采用该方法。首先将被测的螺纹部分放在纸上压出一段螺距的线痕（线痕数不少于 10），再用直尺量出 n 个（n 最好为 5、10）螺距线痕间的总距离 L_1，然后将 L_1 值除以螺距的数量 n，即 $P = L_1/n$。

（2）标准螺纹中，牙型为三角形的有普通螺纹和管螺纹两种。将测得的螺距 P 先查附表 21（GB/T 196—2003），如无对应值，可确定不属于普通螺纹。再查附表 22（GB/T 7307—2001），是否属于管螺纹（如 55°非密封管螺纹等），如果属于则按管螺纹尺寸代号确定。

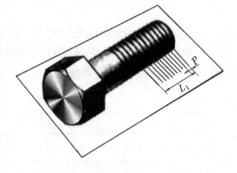

（3）在画装配图时，螺纹紧固件按比例画法或特殊表示法绘出，并在零件明细栏中填写标准件国家标准编号、规定标记、名称、数量等。

图 3－3　用压痕法测量螺距

【例 3－2】　通过测量，确定图 3－4 所示的螺母的规定标记。

图 3－4　测绘螺母

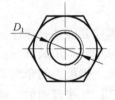

图 3－5

1. 测绘方法与步骤

（1）观察螺母外形，可以判断该螺纹紧固件名称为六角螺母，查附表 24 或相关设计手册，确定其标准代号为　GB/T 6170—2000。

（2）测量小径 D_1，如图 3-5 所示，测得 $D_1 = 8.5\text{mm}$。

（3）测螺距 P。用螺纹规直接测量螺纹螺距或采用压痕法测量螺距，测得螺距 $P = 1.5$。

（4）根据小径 D_1 和螺距 P 查附表 24，确定螺母标准大径 $D = 10$。

（5）目测螺纹的线数和旋向。目测结果：单线、右旋。

（6）确定螺母的规定标记为：螺母 GB/T 6170 M10。

2. 说明

确定螺母的螺纹大径时，如有与螺母配对的螺栓，则用游标卡尺直接测出螺栓的螺纹大径，该大径即为螺母内螺纹的大径。如没有，则先用游标卡尺量出螺母的螺纹小径，再根据其类型和螺距查表得出标准大径值。

3.3 键的规定标记的测定

键是用来连接轴和轴上传动件的一种标准件。常用的键有普通平键、半圆键和钩头楔键等。常用键的型式和规定标记如表 3-2 所示。现以普通平键为例说明经测量后的键如何确定其规定标记。

表 3-2 常用键的型式及规定标记

名称及标准号	型式、尺寸与标记	标记示例
普通平键 GB/T 1096—2003 	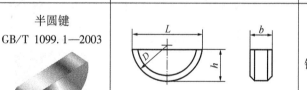 GB/T 1096 键 $b \times h \times L$	$b = 8\text{mm}$，$h = 7\text{mm}$，$L = 20\text{mm}$ 的 B 型普通平键标记为： GB/T 1096 键 B8×7×20 （普通平键的型式有 A、B、C 三种，标记时 A 型平键省略"A"，而 B 型和 C 型应写出"B"或"C"。）
半圆键 GB/T 1099.1—2003	 GB/T 1099.1 键 $b \times h \times D$	$b = 5\text{mm}$，$h = 9\text{mm}$，$D = 22\text{mm}$ 的半圆键标记为： GB/T 1099.1 键 5×9×22
钩头楔键 GB/T 1565—2003	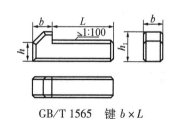 GB/T 1565 键 $b \times L$	$b = 10\text{mm}$，$h = 8\text{mm}$，$L = 25\text{mm}$ 的钩头楔键标记为： GB/T 1565 键 10×25

【例 3 - 3】　通过测量，确定图 3 - 6 所示的 A 型平键的标记。

1. 测绘步骤

（1）根据外形观察，可以判断该键属 A 型平键，查附表 25 或相关手册确定其标准代号为 GB/T 1096—2003；

（2）测量键宽度 b、高度 h、长度 L（参见表 3 - 2），分别是 $b = 8\text{mm}$、$h = 7\text{mm}$、$L = 20$；

（3）将测量结果与手册中的参数值进行比对，根据相近的标准数值，确定键的标记：键　$8 \times 7 \times 20$　GB/T 1096—2003。

图 3 - 6　测绘平键

2. 说明

（1）键宽 b、键高 h、键长 L 用游标卡尺测量，并圆整测量值；

（2）平键测绘后只要确定其标记，不用画键的草图；

（3）其他类型的键的测绘尺寸和标记确定可参照表 3 - 2。

3.4　弹簧的测定

弹簧是常用件，主要用于减振、夹紧、储存能量和测力等方面。现以圆柱螺旋压缩弹簧为例，介绍其测绘的一般方法和步骤。

【例 3 - 4】　测量图 3 - 7 所示的压缩弹簧，确定簧丝直径 d、弹簧外径 D_2、弹簧中径 D、弹簧内径 D_1 及自由高度 H_0 和节距 t 等参数，并画出零件工作图。

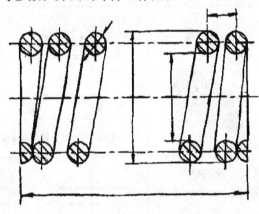

图 3 - 7　圆柱螺旋压缩弹簧　　　　　　　　图 3 - 8　弹簧草图

1. 测绘步骤

（1）观察外形，绘制该压缩弹簧的草图，如图 3 - 8 所示；

（2）测量簧丝直径 d、弹簧外径 D_2、弹簧内径 D_1 及自由高度 H_0 和节距 t，并计算弹簧中径 D，然后将各数值标注在草图上；

（3）确定材料和技术要求；

（4）整理草图，绘制弹簧零件图，如图 3 - 9 所示。

2. 说明

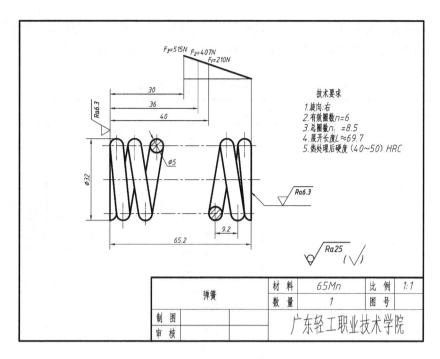

图3-9 弹簧零件工作图

（1）由于弹簧不是标准件，设计时要画零件图。为了简化制图，弹簧在图样中无需按真实投影来绘制，可用视图或剖视图表示。图家标准 GB/T 4459.4—2003 规定了弹簧的表示法。

（2）簧丝直径 d、弹簧外径 D_2、内径 D_1、自由高度 H_0 可以用游标卡尺直接测量，中径 D 不能直接测量，可以由公式 $D = 1/2（D_1 + D_2）$ 算出。

（3）节距的测量可以采用压痕法。先在弹簧外径表面涂上红丹粉，然后在纸上滚动出印痕，沿轴线方向测量出中间几圈节距，再确定其平均值取整即为最终的节距。类似图3-3所示螺距的测量方法。

（4）有效圈数的确定。圆柱螺旋压缩弹簧保持等节距的圈数为有效圈数 n，可在测节距 t 时初步确定。首先要数出总圈数 n_1，定出支承圈 n_2，再由公式 $n = n_1 - n_2$ 得到有效圈数。最后将实测的数据代入下列公式核对：

$H_0 = nt + 2d$ （支承圈为 2.5 圈）

$H_0 = nt + 1.5d$ （支承圈为 2 圈）

$H_0 = nt + d$ （支承圈为 1.5 圈）

（5）旋向可通过目测或根据右手定则判定。

（6）在零件图中要注出与制造、试验有关的尺寸参数和技术要求。

3.5 滚动轴承的测定

滚动轴承是标准部件。测绘时不需要画出轴承草图和零件图，只需观察轴承外形，测量轴承的外径 D、内径 d、宽度 B，查手册确定滚动轴承代号。一般情况下直接查看印刻在轴承上的轴承代号及标记即可。在装配图中可以用简化画法或规定画法来表示轴承，并在所属装配图的明细栏中给出轴承代号。轴承画法如表 3-3 所示。

表 3-3 常用滚动轴承的表示法

画法 名称	简化画法		规定画法
	通用画法	特征画法	
深沟球轴承		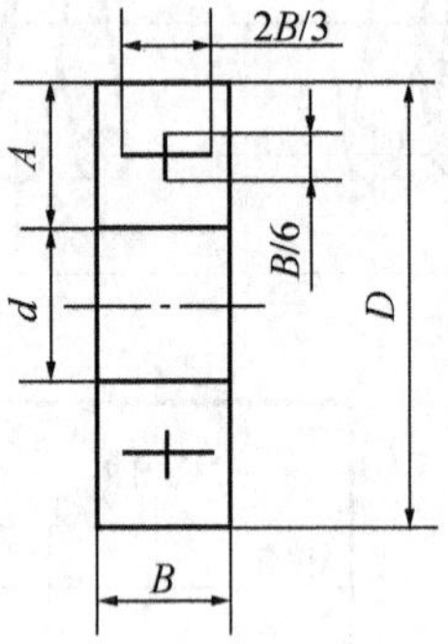	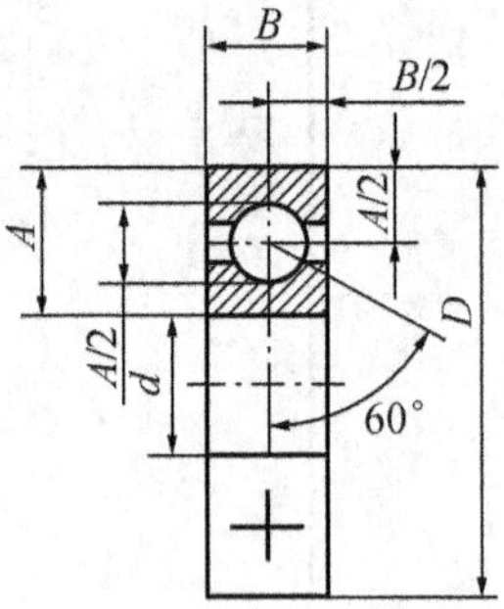
圆锥滚子轴承	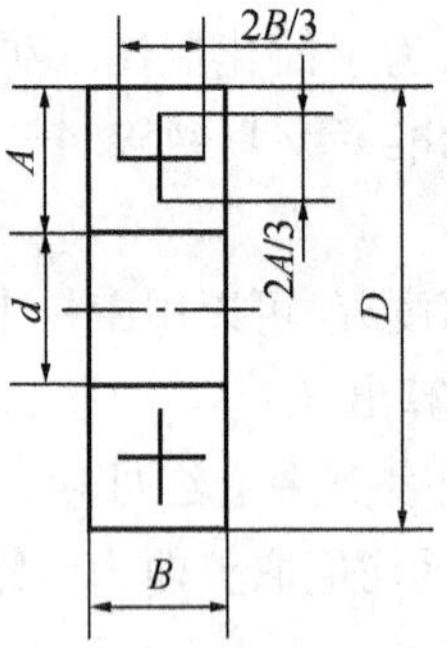	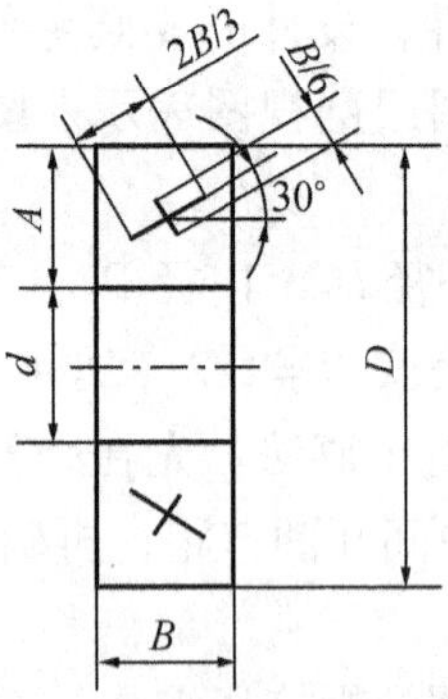	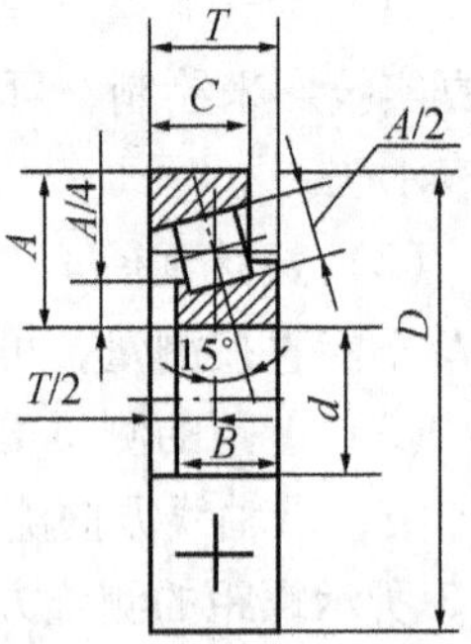
推力球轴承		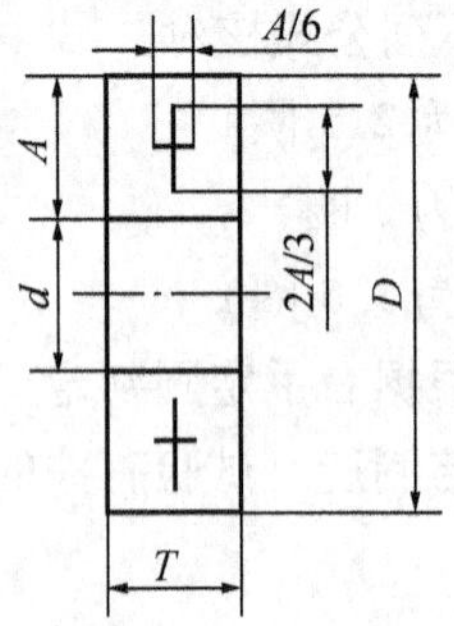	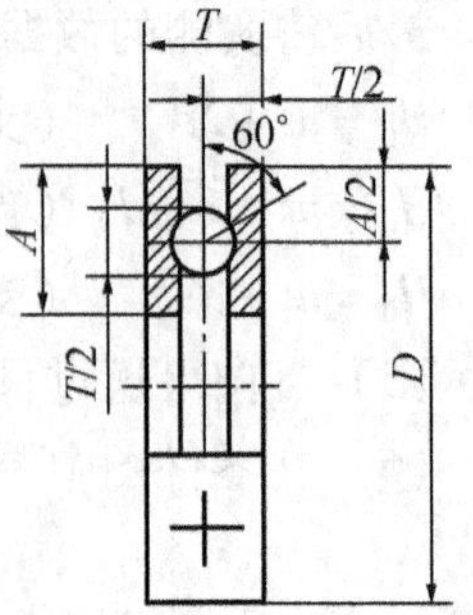

注：图中画法为滚动轴承在所属装配图中的剖视图画法。

画图时，先根据轴承代号由设计手册查出轴承的外径 D、内径 d、宽度 B 等几个主要

36

尺寸，然后将其他部分的尺寸按主要尺寸的比例关系画出。

3.6 齿轮的测绘

齿轮是机械传动中的常用零件，其主要作用是传递动力，改变转速和旋转方向。齿轮轮齿部分的参数已经标准化，在绘制时轮齿部分用特殊表示法画出，其余部分仍按投影视图表达。

下面以直齿圆柱齿轮为例，说明测绘齿轮的一般方法和步骤。

（1）分析齿轮外形结构，绘制齿轮草图和参数表，标注各尺寸的尺寸界线和尺寸线（不标尺寸数字）；

（2）数出被测齿轮的齿数，测量齿顶圆直径 d_a 和非齿圈部分的其他尺寸；

（3）确定标准模数 m、齿顶高 h_a、齿根高 h_f、压力角 α，计算出分度圆直径 d、齿顶圆直径 d_a、齿根圆直径 d_f 等参数值，并填写到草图和参数表中；

（4）确定材料和技术要求；

（5）整理草图，绘制齿轮零件图。

【例3-5】 测绘图3-10所示的标准直齿圆柱齿轮。

1. 测绘步骤

（1）对图3-10所示的齿轮进行结构分析后确定表达方案，绘制草图和参数表，如图3-11所示；

（2）数出齿数 $z=34$，测量齿顶圆直径 $d_a=89.8$ mm。测量轮齿以外的其他外形结构尺寸（略）；

（3）初算模数，$m = d_a/(z+2) = 89.8/(34+2) = 2.49$ mm，从表3-4中选用最相近的模数 $m=2.5$ mm；

图3-10 直齿圆柱齿轮

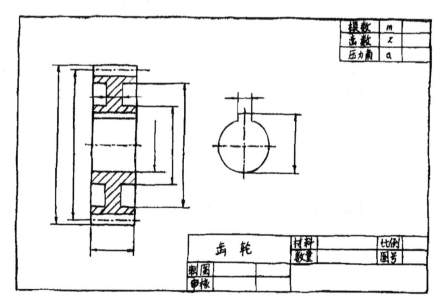

图3-11 齿轮草图

表 3-4　标准模数（GB/T 1357—2008）

第一系列	0.1, 0.12, 0.15, 0.2, 0.25, 0.3, 0.4, 0.5, 0.6, 0.8, 1, 1.25, 1.5, 2, 2.5, 3, 4, 5, 6, 8, 10, 12, 16, 20, 25, 32, 40, 50
第二系列	0.35, 0.7, 0.9, 1.75, 2.25, 2.75（3.25）, 3.5,（3.75）, 4.5, 5.5,（6.5）, 7, 9,（11）, 14, 18, 22, 28, 36, 45

注：优先采用第一系列，括号内的模数尽量不用。

表 3-5　直齿圆柱齿轮各部分尺寸计算公式

名称	代号	计算公式
分度圆直径	d	$d = mz$
齿顶高	h_a	$h_a = m$
齿根高	h_f	$h_f = 1.25m$
齿高	h	$h = 2.25m$
齿顶圆直径	d_a	$d_a = m(z+2)$
齿根圆直径	d_f	$d_f = m(z-2.5)$
齿距	p	$p = \pi m$
中心距	a	$a = (d_1 + d_2)/2 = m(z_1 + z_2)/2$

根据表 3-5 中的公式，齿顶圆直径 $d_a = m(z+2) = 2.5 \times (34+2) = 90mm$；

分度圆直径 $d = m \times z = 2.5 \times 34 = 85\ mm$；

齿根圆直径 $d_f = m(z-2.5) = 2.5 \times (34-2.5) = 78.75mm$。

将以上数值填写到草图和参数表中。

（4）用类比法确定齿轮的材料为 20CrMnTi，热处理：齿面高频淬火 HRC50～55；

（5）整理草图，绘制齿轮零件图（图 3-12）。

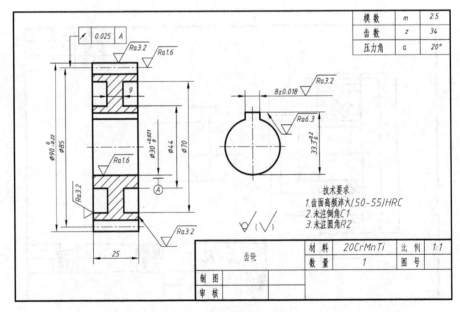

图 3-12　齿轮零件工作图

2. 说明

（1）齿轮轮齿以外部分可用游标卡尺等测量工具测量，测量方法与一般零件相同；

（2）测量齿顶圆直径时，若齿数为偶数，则用游标卡尺直接量出齿顶圆直径 d_a，如图 3-13b 所示；若齿数为奇数，用游标卡尺量出 e 和 d 值后，用公式 $d_a = 2e + d$ 计算得到齿顶圆直径 d_a，如图 3-13a 所示。

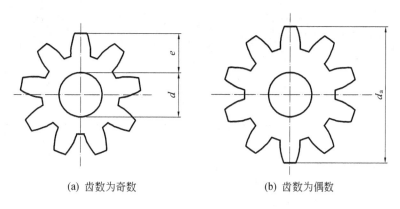

(a) 齿数为奇数　　　　　　　　　　(b) 齿数为偶数

图 3-13　齿顶圆直径的测量

3.7　常用结构的测定

零件因制造和安装的要求，常需要设计一些工艺结构。常用结构要素一般已经标准化，如中心孔、螺纹倒角、螺纹退刀槽、砂轮越程槽、轴伸、键槽和起模斜度等。常用结构的尺寸，测绘时可根据有关标准或设计手册，对照测绘零件的具体情况（查表时所依据的主要参数的实际大小），选定标准中的系列值。

3.7.1　中心孔

中心孔是轴类零件加工过程中使用的一种工艺结构。常用的标准中心孔有四种型式，即 R、A、B、C 型，如表 3-6 所示。R 型是弧形中心孔，A 型是不带护锥中心孔，B 型是带护锥中心孔，C 型为带螺纹的中心孔。

测定时应根据实物，并对照表 3-6 确定中心孔的型式，然后测量中心孔的 D 尺寸，查表确定其他尺寸。

表 3-6 中心孔及其表示法（根据 GB/T 4459.5—1999、GB/T 145—2001）

中心孔的型式及尺寸

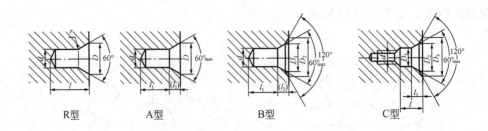

R型　　A型　　B型　　C型

d	型　式							选择中心孔的参考数据（非标准内容）		
	R	A		B		C		D_{min}	D_{max}	G
	D	D☆	l_2☆	D_2★	l_2★	d	D_3			
1.6	3.35	3.35	1.52	5.0	1.99			6	>8～10	0.1
2	4.25	4.25	1.95	6.3	2.54			8	>10～18	0.12
2.5	5.3	5.3	2.42	8.0	3.20			10	>18～30	0.2
3.15	6.7	6.7	3.07	10.0	4.03	M3	5.8	12	>30～50	0.5
4.0	8.5	8.5	3.90	12.5	5.05	M4	7.4	15	>50～80	0.8
(5.0)	10.6	10.6	4.85	16.0	6.41	M5	8.8	20	>80～120	1.0
6.3	13.2	13.2	5.98	18.0	7.63	M6	10.5	25	>120～180	1.5
(8.0)	17.0	17.0	7.79	22.4	9.36	M8	13.2	30	>180～220	2.0
10.0	21.2	21.2	9.70	28.0	11.66	M10	16.3	42	>220～260	3.0

中心孔的符号

要求	符号	表示法示例	说明
在完工的零件上要求保留中心孔		←GB/T 4459.5-B2.5/8	采用 B 型中心孔 $d = 2.5mm$　$D_2 = 8mm$ 在完工的零件上要求保留中心孔

中心孔的符号

要求	符号	表示法示例	说明
在完工的零件上可以保留中心孔		GB/T 4459.5-A4/8.5	采用 A 型中心孔 $d=4\text{mm}$ $D=8.5\text{mm}$ 在完工的零件上是否保留中心孔都可以
在完工的零件上不允许保留中心孔		GB/T 4459.5-A1.6/3.35	采用 A 型中心孔 $d=1.6\text{mm}$ $D=3.35\text{mm}$ 在完工的零件上不允许保留中心孔

注：①括号内的尺寸尽量不采用；

②D_{min} 原料端部最小直径；

③D_{max} 轴状材料最大直径；

④G 工件最大重量；

⑤l 螺纹长度，按零件的功能要求确定。

★任选其一　☆任选其一

中心孔在图样中可不必画出详细结构，只需在零件轴端用符号和标记给出要求，如表 3－6 所示。在不至于引起误解时，可省略标记中的标准号而采用简化表示法，如图3－14 所示。

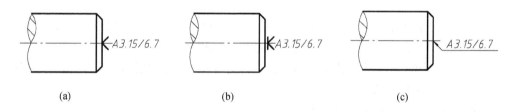

| (a) | (b) | (c) |

图 3－14　省略标准编号的中心孔简化表示法

3.7.2　倒角与倒圆

为便于装配并防止锐角伤人，在轴端、孔口及零件的端部，常常加工出倒角。对具有阶梯形状的轴或孔，为减少表面转折处的应力集中，提高强度，常在相接处加工出过渡的小圆弧面，称为倒圆。倒角与倒圆的型式以及倒角 C 与倒圆 R 的推荐值如表 3－7 所示。若倒角 α 为 45°，图样中常采用引线标注，如图 3－15 所示，"C2"中的"C"是 45°倒角符号，"2"是倒角的宽度。

表 3-7 倒角 C 与倒圆 R 的推荐值

单位：mm

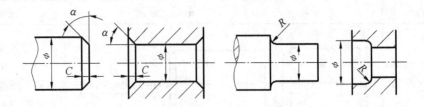

直径 φ	～3	>3～6	>6～10	>10～18	>18～30	>30～50	>50～80
C 或 R	0.2	0.4	0.6	0.8	1	1.6	2
直径 φ	>80～120	>120～180	>180～250	>250～320	>320～400	>400～500	>500～630
C 或 R	2.5	3	4	5	6	8	10

注：α 一般取 45°，也可取 30°或 60°。

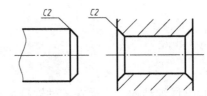

图 3-15 45°倒角的标注

3.7.3 退刀槽和砂轮越程槽

在零件进行切削加工时，为了便于退刀，或使相配的零件在装配时表面能良好地接触，需要在待加工面末端预先加工出退刀槽或砂轮越程槽。

加工内、外螺纹时，从工艺角度出发，应在螺纹的尾部设置退刀槽。测绘时，螺纹退刀槽的尺寸也可查附表 27 取值。

砂轮越程槽的结构和尺寸见附表 28。

3.7.4 键槽

键及键槽均已标准化，其中应用最多的是普通平键，测绘时量出键宽、键长和槽宽、槽长等尺寸后，查阅相关手册或附表 26，取其标准化的系列值。

3.7.5 铸件上的起模斜度

在铸造过程中为使铸件能顺利地从砂型中取出，常在铸件的起模方向上做出一定的斜度，该斜度称为起模斜度。铸件测绘时，若斜度不便量取，可在表 3-8 中查取。在铸件零件图上一般不画出起模斜度，只在技术要求中统一说明对起模斜度的要求。

表3-8　起模斜度

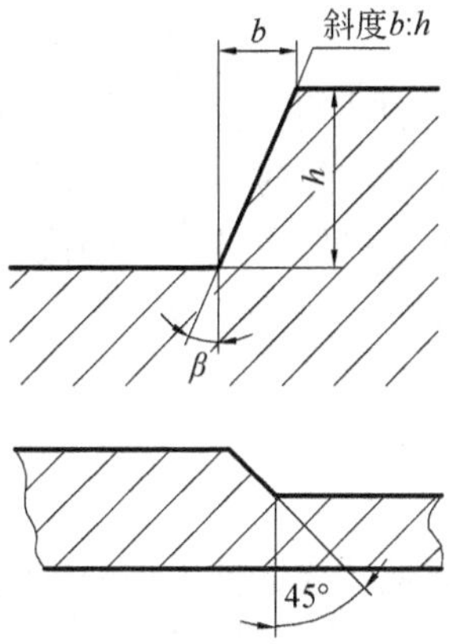

	斜度 $b:h$	角度 β	使用范围
	1:5	11°30′	$h < 25$ mm 时钢和铁的铸件
	1:10	5°30′	$h = 25 \sim 500$ mm 时钢和铁的铸件
	1:20	3°	
	1:50	1°	$h > 500$ mm 时钢和铁的铸件
	1:100	30′	有色金属铸件

注：当设计不同壁厚的铸件时，在转折点处的斜角最大还可增大到30°～45°，见表中下图。

3.7.6　轴伸

轴伸是指轴的外伸部分，它也属于一种常用结构。在减速器、电动机和泵等动力传输转换装置中都设计有轴伸。轴伸按其形状分为圆柱形和圆锥形两种。测绘中，根据实物和测量的轴径 d，对照附表29和附表30，确定轴伸的结构形式，并按标准尺寸取值。

4 零件测绘

零件是组成机器或部件的不可拆卸的最小单元。根据零件的功用与主要结构，将零件分为轴套类零件、轮盘类零件、叉架类零件和箱体类零件。零件测绘时，应把握两个基本要求：一是确保零件测绘的准确性，二是还原零件的原形特征。按照零件测绘的流程，以几个实例详细介绍零件测绘的方法和步骤。

4.1 轴套类零件的测绘

轴套类零件是轴类零件和套类零件的统称。轴套类零件在机器或部件中用来安装、支承回转零件（如齿轮、皮带轮等），并传递动力，同时又通过轴承与机器的机架连接起到定位作用。

轴套类零件的结构特征：轴类零件主要由同轴圆柱体、圆锥体等回转体组成，长度远大于直径。零件上常有台阶、螺纹、键槽、退刀槽、砂轮越程槽、销孔、中心孔、倒角和倒圆等结构。套类零件通常是长圆筒状，内孔和外表面常加工有越程槽、油孔、键槽等结构，内、外端面均有倒角。

【例 4 - 1】 测绘图 4 - 1 所示的一级圆柱齿轮减速器上的输出轴。

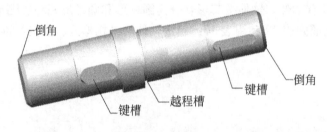

图 4 - 1 输出轴

1. 测绘步骤

（1）对轴进行分析和了解。该零件是一级圆柱齿轮减速器上的传动轴，作用是支承其上的大齿轮，并装有轴承、键等标准件和其他定位零件。经形体分析，该轴由六段不同轴径的圆柱构成，表面有越程槽、两个键槽，两端面均有倒角，如图 4 - 1 所示。

（2）绘制轴零件草图（见图 4 - 2）。

①确定轴零件的表达方案。根据轴类零件的结构特征，一般选取一个基本视图（主视图），零件轴线水平放置。局部细节结构常用局部视图、局部剖视图、断面图及局部放大图等表达。

②绘制草图，画尺寸界线及尺寸线（不标尺寸数字）。

（3）测量尺寸。根据草图中的尺寸标注要求，分别测量输出轴的各部分尺寸并在草图上标注，如图4-3所示。

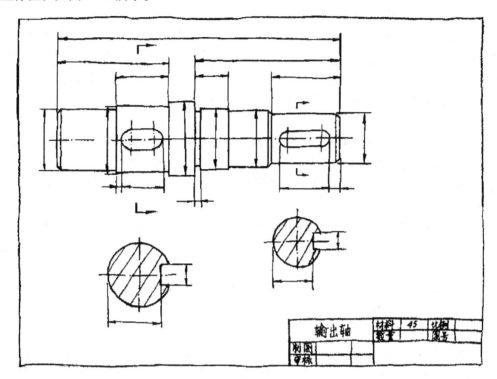

图4-2 绘制轴的零件草图

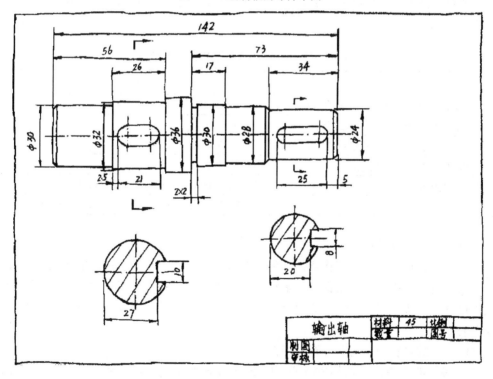

图4-3 测量轴的尺寸

（4）确定技术要求。

①尺寸公差的选择

轴与齿轮和轴承的接触段有配合要求，应标注尺寸公差。根据轴的使用要求并参考同类型零件，用类比法可确定配合处的轴的直径尺寸公差等级一般为 IT5～IT9 级，本例中轴与轴承内径的配合处尺寸公差带选为 k6，与齿轮孔的配合尺寸公差带选为 k6。

对于阶梯轴的各段长度尺寸可按使用要求给定尺寸公差。

②形状公差的选择

由于轴类零件通常是用轴承支承在两段轴颈上，这两个轴颈是装配基准，其几何精度（圆度、圆柱度）应有形状公差要求。对精度要求一般的轴颈，其几何形状公差应限制在直径公差范围内。如轴颈要求较高，则可直接标注其允许的公差值，一般为 IT6～IT7 级。

③位置公差的选择

轴类零件的配合轴径相对于支承轴径的同轴度通常用径向圆跳动来表示，以便测量。一般配合精度的轴径，其支承轴径的径向圆跳动取 0.01～0.03mm，高精度的轴为 0.001～0.005mm。

此外还应标注轴向定位端面与轴线的垂直度，对轴上键槽两工作面应标注对称度。轴颈处的端面圆跳动一般选择 IT7 级。

④表面粗糙度的选择

本例中轴的支承轴颈表面粗糙度等级较高，选择 $R_a0.8～R_a3.2$，其他配合轴径的表面粗糙度为 $R_a3.2～R_a6.3$，非配合表面粗糙度则选择 $R_a12.5$。

轴套类零件表面粗糙度的特征和加工方法可参看附表 18、附表 19，具体的 R_a 数值也可参考表 4－1。

表 4－1　轴的机加工表面粗糙度值参考表

加工表面	粗糙度 R_a 值不大于（μm）
与传动件、联轴器等零件的配合表面	0.4～1.6
与普通精度等级的滚动轴承配合表面	0.8，1.6
与传动件、联轴器等零件接触的轴肩端面	1.6，3.2
与滚动轴承配合的轴肩端面	0.8，1.6
普通平键键槽	3.2，1.6（工作表面），6.3（非工作表面）
其他表面	6.3，3.2（工作表面），12.5，25（非工作表面）

⑤材料与热处理的选择

轴类零件材料的选择与工作条件和使用要求有关，材料不同所选择的热处理方法也不同。轴的材料常采用优质碳素钢或合金钢制造，如 35、45、40Cr 等，常采用调质、正火、淬火等热处理方法，以获得一定的强度、韧性和耐磨性。轴套类零件的材料和热处理方法可参考表 2－6。

本例中轴的材料为 45 钢，调质处理。

（5）画零件工作图。根据零件草图和以上技术要求的选择，整理绘制零件工作图，如图 4－4 所示。

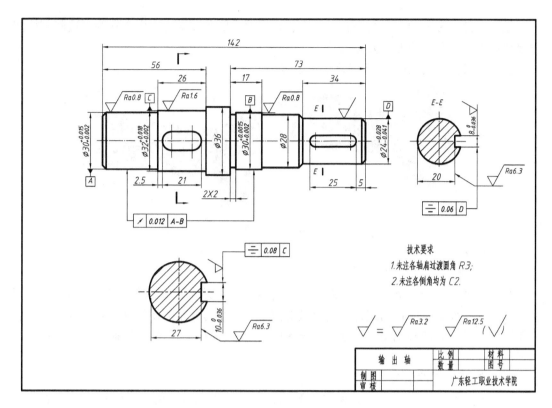

图 4－4　轴的零件工作图

2. 测量方法说明

轴套类零件的尺寸主要由轴向尺寸和径向尺寸，以及各种标准结构尺寸和工艺结构尺寸组成。它们的测量方法如下。

1）轴向尺寸与径向尺寸的测量

轴向尺寸又称轴的长度尺寸，径向尺寸又称轴的直径尺寸。重要的轴向尺寸要以轴的安装端面（轴肩端面）为主要尺寸基准，其他尺寸以轴的两端面作为辅助尺寸基准。径向尺寸以轴线为主要尺寸基准。

轴向尺寸一般为非功能尺寸，可用钢直尺、游标卡尺直接测量各段的长度和总长度，然后圆整成整数。轴套类零件的总长度尺寸应直接度量出数值，不可用各段长度累加计算，避免积累误差。

轴的径向尺寸多为配合尺寸，其基本尺寸应用游标卡尺或千分尺测量出各段轴径值后圆整，再根据配合类型、表面粗糙度等级查阅轴或孔的极限偏差表对照选择相对应极限偏差值。

2）标准结构尺寸测量

普通螺纹的测量可参照2.7节的内容，测量方法参见图2－26。

轴上的键槽尺寸主要有槽宽 b、槽深 t 和长度 l 三种。从键槽的外形判断键的类型。根据测量出的 b、t 和 l 的值，结合键槽所在轴段的直径尺寸，查附表26或相关手册得到键槽的标准尺寸。

3）工艺结构尺寸的测量

轴套零件上常见的工艺结构有退刀槽、越程槽、倒角和倒圆、中心孔等，这些结构的测量可按3.7节介绍的方法去完成。

【例4-2】 测绘图4-5所示的泵套零件。

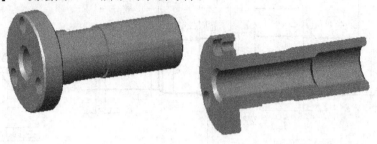

图4-5 泵套

测绘步骤

1. 对泵套进行了解和分析

泵套是油泵上的一个零件，用来支承传动轴，并起到减小摩擦的作用。其内孔与轴配合，其外圆表面与泵座孔相配合，法兰盘上面有三个均匀分布的螺钉孔。其结构特点是它由不同轴径的空心圆柱构成，外表面有越程槽结构，孔口处及两外端面均有倒角。如图4-5所示。

2. 绘制泵套零件草图

（1）确定泵套的表达方案。采用全剖视的主视图表达零件的内部结构特征，采用简化画法表达端面螺钉孔的分布，如图4-6所示。

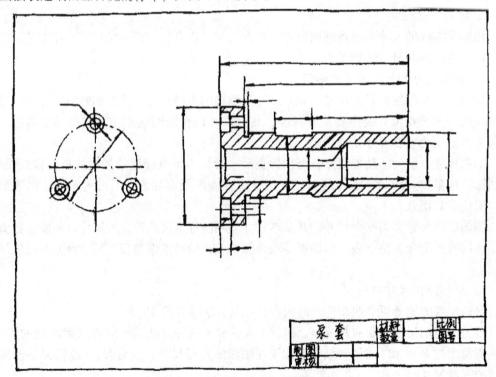

图4-6 绘制泵套草图

（2）绘制草图，画尺寸界线及尺寸线。

3. 测量尺寸，确定技术要求

（1）分别测量泵套的各部分尺寸并在草图上标注。如图4-7所示。

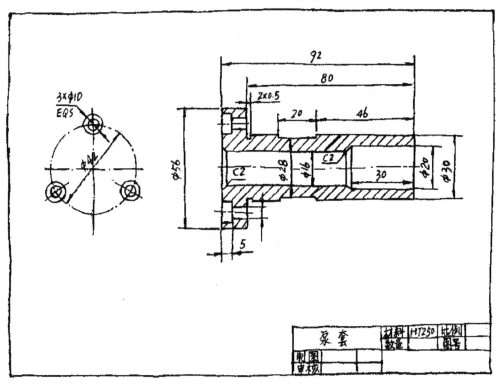

图4-7　测量泵套的尺寸

（2）确定技术要求

①尺寸公差的选择

外圆表面是支承表面的套类零件，常用过盈配合或过渡配合与机座上的孔配合，外径公差等级一般取IT6～IT7级。如果外径尺寸不作配合要求的套类零件，可直接标注直径尺寸。套类零件的孔径尺寸公差一般为IT7～IT9级（为便于加工，通常孔的公差要比轴的尺寸公差低一个等级），精密轴套孔尺寸公差为IT6级。本例公差带代号外圆表面取h8，配合内孔取H7。

②形状公差的选择

套类零件有配合要求的外表面，其圆度公差应控制在外径尺寸公差范围内，精密轴套孔的圆度公差一般为尺寸公差的1/2～1/3，对较长的套筒零件除圆度要求之外，还应标注圆孔轴线的直线度公差。本例仅对外圆表面有圆度公差要求。

③位置公差的选择

套类零件内、外圆的同轴度要根据加工方法的不同选择不同的精度等级，如果套类零件的孔是将轴套装入机座后进行加工的，套的内、外圆的同轴度要求较低，如果是在装配前加工完成的，则套的内孔对套的外圆的同轴度要求较高，一般为ϕ0.01mm～ϕ0.05mm。本例对内、外圆有同轴度要求，法兰盘的左端面与外圆ϕ30的轴线有垂直度要求。

49

④表面粗糙度的选择

套类零件有配合要求的外表面粗糙度可选择 $R_a0.8 \sim R_a1.6$。孔的表面粗糙度一般为 $R_a0.8 \sim R_a3.2$，要求较高的精密套可达 $R_a0.1$。

⑤材料与热处理的选择

套类零件材料一般用钢、铸铁、青铜或黄铜制成。本例泵套采用铸铁 HT250。

套类零件常采用退火、正火、调质和表面淬火等热处理方法。本例采用退火处理。

4. 画泵套零件工作图

根据零件草图，整理零件工作图，如图 4 - 8 所示。

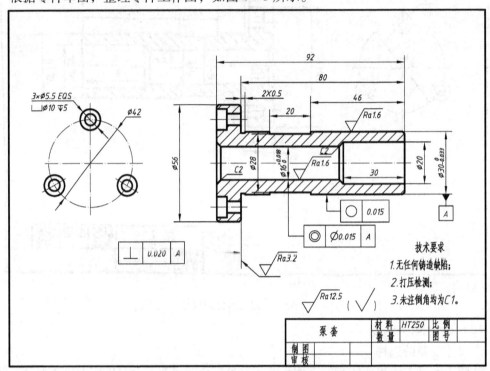

图 4 - 8　泵套的零件工作图

4.2　轮盘类零件测绘

轮盘类零件是轮类零件和盘盖类零件的统称，都是机器或部件上的常见零件。轮类零件的主要作用是连接、支承、轴向定位和传递动力，如齿轮、皮带轮、阀门手轮等；盘盖类零件的主要作用是定位、支承和密封，如电机、水泵、减速器的端盖等。

轮盘类零件的主体结构一般由同一轴线多个扁平的圆柱体组成，直径明显大于轴或轴孔，形似圆盘状。当然轮盘类零件也有非圆盘状的，如一些方形或不规则形状等。为加强零件的强度，常有肋板、轮辐等连接结构；为便于安装紧固，沿圆周均匀分布有螺栓孔或螺钉孔，此外还有销孔、键槽等标准结构。

现以泵盖为例，说明测绘轮盘类零件的方法和步骤。

【例 4 - 3】　测绘图 4 - 9 所示的轮盘类零件：泵盖。

图 4-9 泵盖

1. 测绘步骤

（1）对泵盖进行了解和分析。泵盖为齿轮油泵的端盖，其形状特征是上下为两个半圆柱，中间有两个圆柱凸台，凸台内有两个盲孔，用以支承主动轴和从动轴，泵盖四周有六个螺钉孔、2个销孔，有铸造圆角、倒角等工艺结构。

（2）绘制泵盖零件草图。泵盖属于轮盘类零件，一般按加工位置，即将主要轴线以水平方向放置来选择主视图。一般选择两个基本视图，主视图常采用剖视来表达内部结构，另外根据其结构特征再选用一个左视图（或右视图）来表达轮盘零件的外形和安装孔的分布情况。有肋板、轮辐结构的可采用断面图来表达其断面形状，细小结构可采用局部放大图表达。本例的泵盖草图如图 4-10 所示。

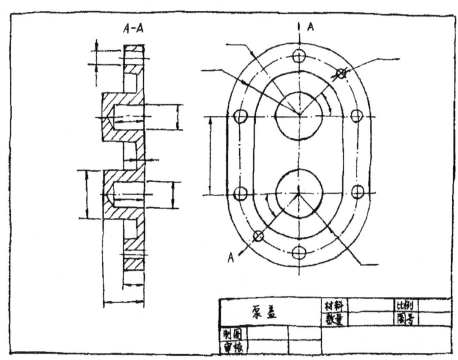

图 4-10 绘制泵盖草图

（3）测量尺寸（图4-11）。根据零件草图中的尺寸标注要求，分别测量泵盖零件的各部分尺寸并在草图上标注。轮盘类零件在标注尺寸时，通常以重要的安装端面或定位端面（配合或接触表面）作为轴向尺寸主要基准。以中轴线作为径向尺寸主要基准。本例中，以泵盖的安装端面为基准标注出各轴向尺寸。

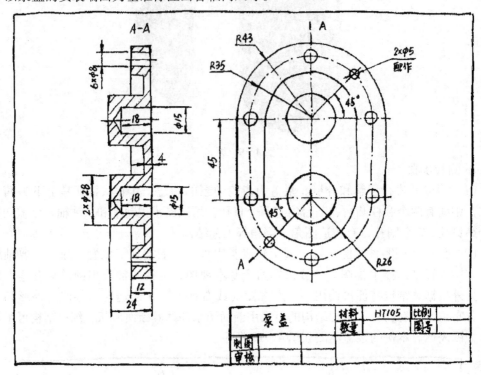

图4-11　测量泵盖的尺寸

（4）确定技术要求。

①尺寸公差的选择

两个 ϕ 15 的孔是支承孔，分别与主动轴和从动轴有间隙配合，孔径尺寸公差等级一般为IT7～IT9级，也可参考附表9选择。为便于加工，通常孔采用基孔制，因此两孔的公差带代号取H8。为保证齿轮的正常啮合，两孔中心距公差带代号取Js8，销孔公差带代号取 H7。

②形位公差的选择

轮盘零件与其他零件接触的表面应有平面度、平行度、垂直度要求，外圆柱面与内孔表面应有同轴度要求，公差等级一般为IT7～IT9级。本例不提形位公差要求。

③表面粗糙度的选择

一般情况下，轮盘类零件有相对运动配合的表面粗糙度为 $R_a0.8 \sim R_a1.6$，相对静止配合的表面粗糙度为 $R_a3.2 \sim R_a6.3$，非配合表面粗糙度为 $R_a6.3 \sim R_a12.5$。非配合表面如果是铸造面，如电机、水泵、减速器的端盖外表面等，一般不需要标注参数值。本例中泵盖的两内孔表面取 $R_a1.6$，安装面取 $R_a3.2$，螺纹孔取 $R_a12.5$。

④材料与热处理的选择

轮盘零件可用类比法或检测法确定零件的材料和热处理方法。盘盖类零件坯料多为锻

52

件，材料为 HT150～HT200，一般不需要进行热处理，参看表 2 - 8。但重要的、受力较大的锻造件，如一些轮类零件，常用正火、调质、渗碳和表面淬火等热处理方法。

本例的泵盖采用铸件 HT150，不需要进行热处理。

（5）整理草图，绘制泵盖零件图。如图 4 - 12 所示。

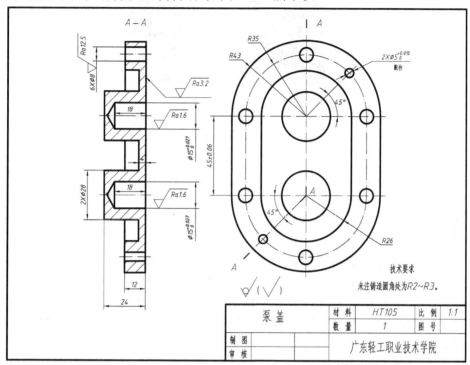

图 4 - 12　泵盖的零件工作图

2. 测量方法说明

（1）轮盘类零件配合孔或轴的尺寸可用游标卡尺或千分尺测量，再查表选用符合国家标准推荐的基本尺寸系列。

（2）一般性的尺寸如轮盘零件的厚度、铸造结构尺寸可直接度量并圆整。

（3）与标准件配合的尺寸，如螺纹、键槽、销孔等测出尺寸后还要查表确定标准尺寸。工艺结构尺寸如退刀槽和越程槽、油封槽、倒角和倒圆等，要按照通用方法标注。

4.3　叉架类零件测绘

叉架类零件如拨叉、连杆、杠杆、摇臂、支架和轴承座等，常用在变速机构、操纵机构、支承机构和传动机构中，起到拨动、连接和支承传动的作用。

叉架类零件一般是由连接部分、工作部分和安装部分三部分组成，多为铸造件和锻造件，表面多为铸锻表面，而内孔、接触面则是机加工面。连接部分由工字形、T 形或 U 形肋板结构组成；工作部分常为圆筒状，上面有较多的细小结构，如油孔、油槽、螺孔等；安装部分一般为板状，上面分布有安装孔，常有凸台和凹坑等工艺结构。

【例 4 - 4】　测绘图 4 - 13 所示的叉架类零件：拨叉。

53

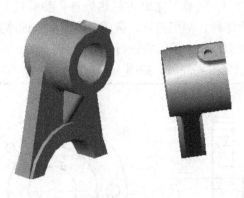

图 4 - 13　拨叉

1. 测绘步骤

（1）对拨叉进行了解和分析。

拨叉属于叉架类零件，工作部分是一个接近半圆形的圆柱环，安装部分是一个圆筒，在圆筒斜上方有一凸台，并钻有一通孔，连接板为三角形肋板，有铸造圆角、倒角等工艺结构。

（2）绘制拨叉零件草图。

叉架类零件结构比较复杂，加工位置多有变化，有的叉架类零件在工作中是运动的，其工作位置也不固定，所以这类零件主视图一般按照工作位置、安装位置或形状特征位置综合考虑来确定投影方向，再加上一个或两个其他的基本视图组成。由于叉架类零件的连接结构常是倾斜或不对称的，还需要采用斜视图、局部视图、局部剖视图、断面图等来表达局部结构。本例拨叉草图的表达方案如图 4 - 14 所示。

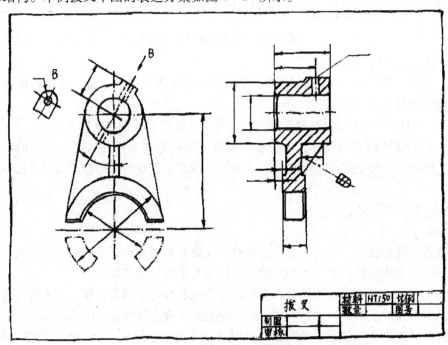

图 4 - 14　绘制拨叉草图

54

（3）测量尺寸。

根据草图中的尺寸标注要求，分别测量零件各部分的尺寸并在草图上标注。

叉架类零件的尺寸标注比较复杂，各部分的形状和相对位置尺寸要直接标注。尺寸基准常选择零件的安装基面、对称平面、孔的中心线和轴线。本例中以拨叉的中心对称平面作为长度方向的主要尺寸基准，以过圆筒轴线的水平面作为高度方向的主要尺寸基准，以圆筒的后端面作为宽度方向的主要尺寸基准（如图 4－15 所示）。

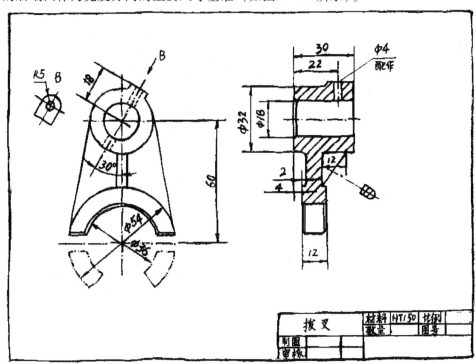

图 4－15　测量拨叉的尺寸

（4）确定技术要求。

①尺寸公差的选择

叉架类零件工作部分有配合要求的孔要标注尺寸公差，按照配合要求选择基本偏差，公差等级一般为 IT7～IT9 级。配合孔的中心定位尺寸常标注有尺寸公差。本例中圆筒支承孔的公差带代号为 ϕ18H7、叉口直径为 ϕ36H8，叉部宽度为 12h8。

②形位公差的选择

叉架类零件支承部分、运动配合表面及安装表面均有较严格的形位公差要求。如安装底板与其他零件接触到的表面应有平面度、平行度或垂直度等要求，支承内孔轴线应有平行度要求，公差等级一般为 IT7～IT9 级，可参考同类型的叉架类零件图进行选择。

③表面粗糙度的选择

一般情况下，叉架类零件支承孔表面粗糙度为 R_a1.6～R_a3.2，安装底板的接触表面粗糙度为 R_a3.2～R_a6.3，非配合表面粗糙度为 R_a6.3～R_a12.5，其余表面都是铸造面，不作要求。

④材料与热处理的选择

叉架类零件可用类比法或检测法确定零件材料和热处理方法。叉架类零件坯料多为铸锻件，材料为HT150～HT200，一般不需要进行热处理，但重要的、作长期运动且受力较大的锻造件常用正火、调质、渗碳和表面淬火等热处理方法。

本例的拨叉采用铸件HT150，不需进行热处理。

（5）整理草图，绘制拨叉零件图。如图4-16所示。

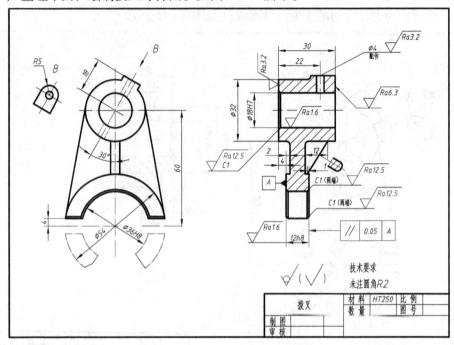

图4-16　拨叉的零件工作图

2. 测绘说明

由于拨叉的支承孔和叉口是重要的配合结构，拨叉支承孔的圆心位置和直径尺寸、工作部分叉口直径及叉口宽度等应采用游标卡尺或千分尺精确测量，测出尺寸后加以圆整并参照相配合的零件确定其尺寸。其余一般尺寸可直接测量取值。

工艺结构、常见结构，如螺纹、退刀槽和越程槽、倒角和倒圆等，测出尺寸后还要按照规定方法标注。

4.4　箱体类零件测绘

箱体类零件一般为整个机器或部件的外壳，起支承、连接、密封、容纳、定位及安装其他零件等作用，如减速器箱体、齿轮油泵泵体、阀门阀体等。箱体类零件是机器或部件中的主要零件。

箱体类零件的内腔和外形结构都比较复杂，箱壁上带有轴承孔、凸台、肋板等结构，安装部分还有安装底板、螺栓孔和螺孔。为符合铸件制造工艺特点，安装底板和箱壁、凸台外形常有拔模斜度、铸造圆角、壁厚等铸造件工艺结构。

【例4-5】　测绘图4-17所示的一级圆柱齿轮减速器的箱体零件。

1. 测绘步骤

（1）对箱体进行了解和分析。该箱体是减速器的一个重要零件，它的作用是支承和固定轴系零件，内可装油，使箱体里的零件具有良好的润滑和密封性能。箱体与箱盖的结合面上均匀地分布着六个螺栓孔和两个销孔。箱壁上加工有对称的两对半圆形的轴承孔（与箱盖的半圆形轴承孔配合成完整圆孔），轴承孔里有安装端盖的密封沟槽。箱体的左侧下方设计有放油孔，右侧下方设计有测油孔。箱体的左右两侧各有钩状的加强肋，供吊装运输用。

图4-17 箱体

（2）绘制箱体零件草图。箱体类零件结构复杂，加工工艺和加工方法也随之复杂，工序种类多，加工位置多有变化。因此这类零件一般需要三个到四个的基本视图来表达，主视图按箱体零件的形状特征和工作位置来选择，采用全剖视图、局部剖视图来表达内部结构，外形还常用局部视图、斜视图和简化画法来表达。图4-18为箱体草图，共采用了三个基本视图。主视图按箱体工作位置确定，根据结构特点及表达范围的大小，采用局部剖视表达测油孔和放油孔；俯视图采用局部剖视图反映下箱体底板上的安装孔，左视图采用全剖视（两平行平面剖切）来表达内部结构。另外还采用 $B—B$ 局部剖视图表达钩状加强肋板的位置和大小，I 处局部放大图表达密封沟槽的大小。

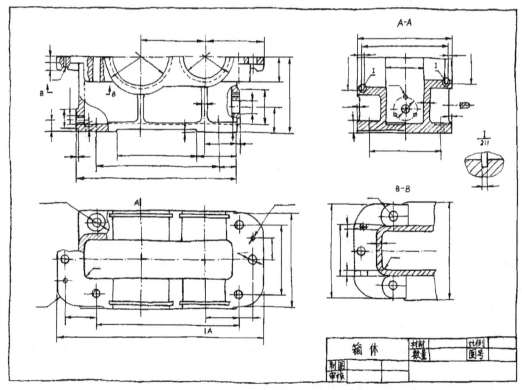

图4-18 绘制箱体零件草图

（3）测量尺寸。根据草图中的尺寸标注要求，分别测量箱体零件的各部分尺寸并在草图上进行标注。箱体类零件结构复杂，确定各部分结构的定位尺寸很重要，因此一定要选择好各个方向的尺寸基准。一般是以安装表面、主要支承孔轴线和主要端面作为长度和高度方向的尺寸基准，当各结构的定位尺寸确定后，其定形尺寸才能确定。具有对称结构的以对称面作为尺寸基准。如图4-19所示，以过右轴承孔的轴线方向的侧平面作为长度方向的主要尺寸基准，标注了70、65、36等主要结构尺寸，以安装底板的底部作为高度方向的主要尺寸基准，标注了高度定位尺寸12、27和80，宽度方向则以箱体前后对称平面为主要基准，标注了104、96、42、78、100、54等尺寸。

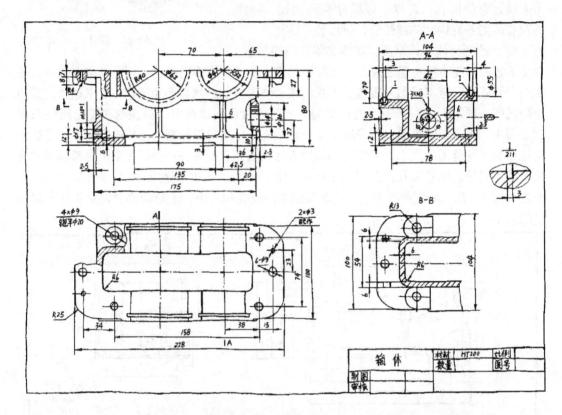

图4-19　测量箱体尺寸

（4）确定技术要求。箱体类零件是为了支承、包容、安装其他零件的，为了保证机器或部件的性能和精度，对箱体类零件要标注一系列的技术要求。主要包括：各支承孔和安装平面的尺寸公差、形位公差、表面粗糙度要求以及热处理、表面处理和有关装配、试验等方面要求。

①尺寸公差的选择

箱体类零件上有配合要求的主轴承孔要标注较高等级的尺寸公差，并按照配合要求选择基本偏差，公差等级一般为IT6、IT7级。如图4-20所示，箱体零件轴孔的公差带代号分别为$\phi 62H7$，$\phi 47H7$，轴承孔的中心距精度允差为±0.06。在实际测绘中，尺寸公差也可采用类比法参照同类型零件的尺寸公差选用。

②形位公差的选择

58

箱体零件结构形状比较复杂，要标注形位公差来控制零件的形位误差，在测绘中可先测出箱体零件上的形状和位置的误差值，再参照同类型零件的形位公差来确定。如图4-20所示，对两轴承孔轴线提出平行度要求。表4-2所示为减速器箱体的形位公差参考表。

表4-2　箱体的形位公差参考表

形位公差		公差等级
形状公差	轴承孔的圆度或圆柱度	6～7
	结合面的平面度	7～8
位置公差	两轴承孔中心线间的同轴度	6～8
	轴承孔端面对中心线的垂直度	7～8
	轴承孔中心线对剖分面的位置度	<0.3mm
	两轴承孔中心线的垂直度	7～8

③箱体各表面的粗糙度

箱体表面粗糙度可查阅附表18和附表19确定。图4-20可供参考。

④箱体的材料及对其毛坯的技术要求

箱体采用铸铁件，材料为HT200，铸成后应清理铸件，并进行时效处理；铸造圆角为R4～R8。

2. 测绘说明

（1）箱体类零件的测量方法应根据各部位的形状和精度要求来选择，对于一般要求的线性尺寸，如箱体的总长、总高和总宽等外形尺寸可直接用钢直尺或钢卷尺测量，对于箱体上的光孔和孔深可用游标卡尺上的测深尺测量。

（2）对于有配合要求的尺寸，如支承孔及其定位尺寸，要用游标卡尺测量，以保证尺寸的准确、可靠。

（3）工艺结构，如螺纹、退刀槽和越程槽、倒角和倒圆等，测出尺寸后还要按照规定方法标注，螺纹等标准结构要素还要查表确定其标准尺寸。

销的作用是定位，常用的销有圆柱销和圆锥销。先用游标卡尺或千分尺测出销的直径和长度（圆锥销测量小头直径），然后根据销的类型查表确定销的公称直径、销的长度以及轴上销孔的直径。

（4）箱体上支承孔的位置度误差可采用坐标测量装置测量。

（5）箱体上孔与孔之间的同轴度误差，可采用千分表配合检验心轴测量。

（6）箱体上孔中心线与孔端面的垂直度误差，可采用塞尺和心轴配合测量，也可采用千分尺配合检验心轴测量。

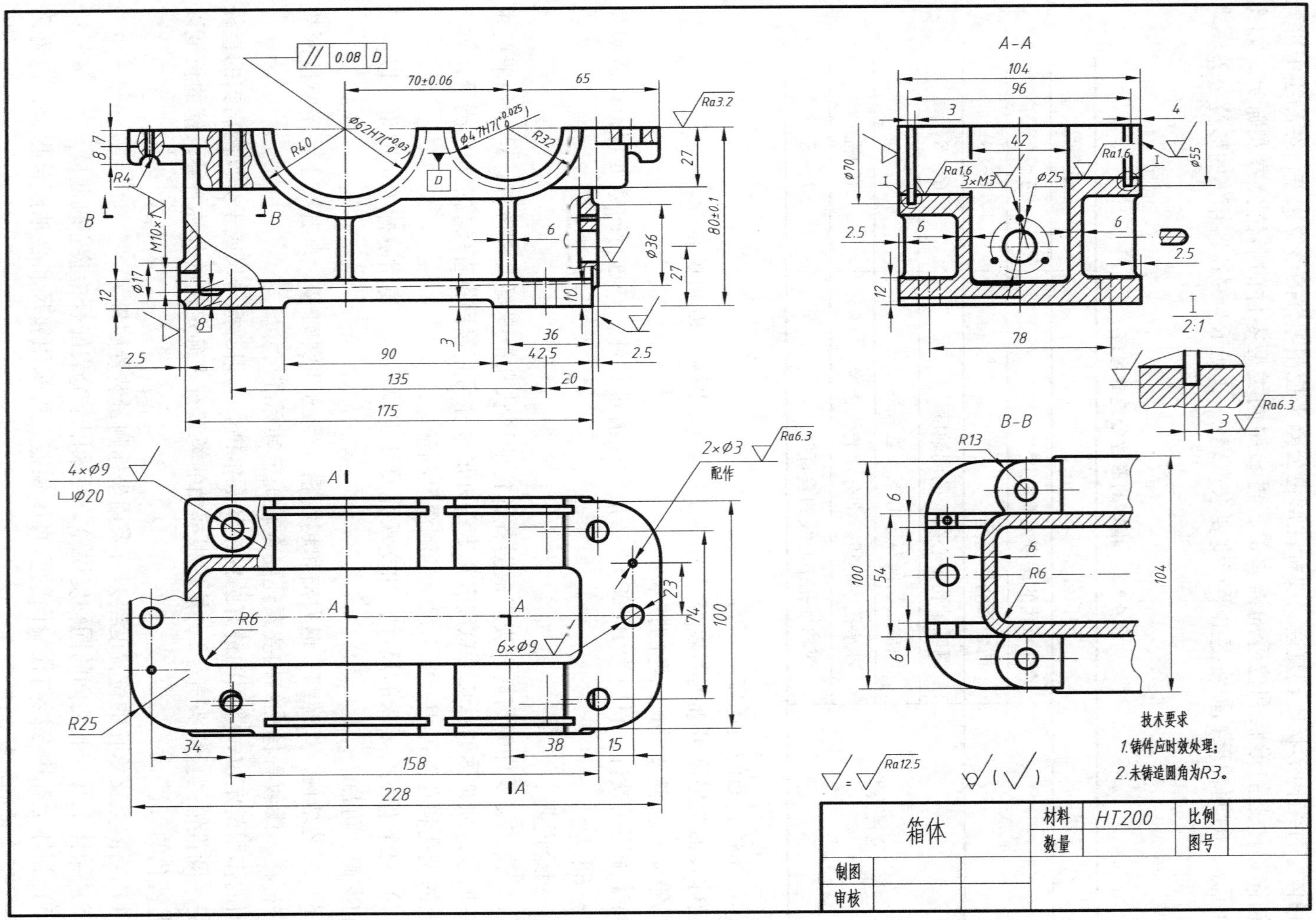

图4-20 箱体零件图

5 部件测绘实训

前面已经介绍了部件测绘的基本步骤和测绘流程。本章通过齿轮油泵测绘和一级齿轮减速器测绘这两个实训项目进一步说明部件测绘的方法和步骤。

5.1 测绘实训项目一 齿轮油泵

齿轮油泵外形如图 5-1 所示。

进油口

主视投射方向

图 5-1 齿轮油泵

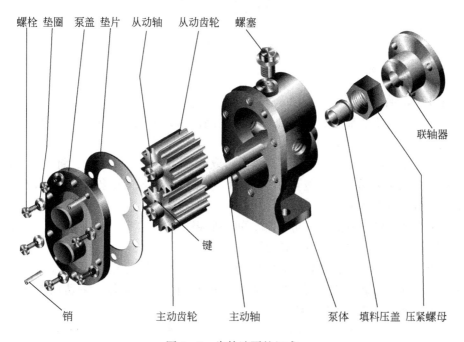

螺栓 垫圈 泵盖 垫片 从动轴 从动齿轮 螺塞

联轴器

键

销 主动齿轮 主动轴 泵体 填料压盖 压紧螺母

图 5-2 齿轮油泵的组成

5.1.1 分析和了解齿轮油泵

齿轮油泵是液压系统中的一种能量转换装置。它由泵体、泵盖、传动零件（主动轴、从动轴、主动齿轮、从动齿轮、联轴器）、密封零件（填料、填料压盖、压紧螺母、螺塞）和标准件（平键、螺栓、垫圈）等十七种零件组成，如图5-2所示。

齿轮油泵的工作原理：主要依靠泵体、泵盖和齿轮的各个齿槽三者形成的密封工作空间的容积变化来进行工作。当主动齿轮按图5-3所示的顺时针方向带动从动齿轮旋转时，右侧油腔的轮齿逐渐分离，工作空间的容积逐渐增大，形成部分真空，此时油液在大气压的作用下，经吸油管进入吸油腔，吸入到轮齿间的油液随着左侧轮齿的逐渐啮合，工作空间逐渐减少，经齿间的油液被挤出，再经过左边的出油口送出到压力管中去。

如果主动齿轮的旋转方向改变，则进、出油口互换。

为进一步了解齿轮泵各零件的组成和装配关系，需对齿轮泵进行拆卸。

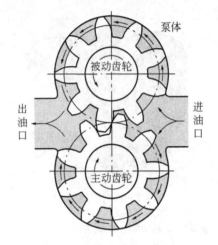

图5-3 齿轮油泵的工作原理

5.1.2 拆卸齿轮油泵

1. 拆卸齿轮油泵的顺序（见图5-2）

（1）先拧下齿轮油泵盖上的六个螺栓和垫圈，拆卸泵盖，取下垫片，取出从动齿轮和从动轴。

（2）主动轴装配线的拆卸：拧松压紧螺母，取出填料压盖，放松填料，将主动轴连同主动齿轮和键一起从泵体中取出。泵盖与泵体的两个定位销，它被压入在泵体销孔内可不必拆出。

（3）最后将螺塞从泵体中拧出。

拆下的零件要编号登记，以防混乱。如果要将拆卸的各零件重新装配，则按"先拆后装"原则即装配顺序与拆卸顺序相反。

2. 在拆卸过程中，了解齿轮泵各零件间的连接方式、装配关系以及密封结构。

（1）主动轴与从动轴通过两轴肩与左端盖内侧面接触而定位，主动轴伸出端上的键槽中装有键，伸出端与联轴器连接。

（2）零件间的配合关系：主动轴与左端盖和泵体轴孔的配合是间隙配合；两齿轮的齿顶圆与泵体内腔是间隙配合；从动齿轮的内孔与从动轴之间（有相对运动）是间隙配合；

主动齿轮的内孔与主动轴的配合是过渡配合；填料压盖的外圆柱面与泵体孔之间是间隙配合。

（3）主动轴的伸出端被填料通过填料压盖并用压紧螺母压紧而密封；泵体与泵盖连接时，纸垫片被压紧起密封作用。

拆卸油泵用到的工具有扳手、钳子等，工具的用法和注意事项见 2.2 节。

5.1.3 画装配示意图

在拆卸零件的过程中，将齿轮油泵的装配示意图画出，如图 5-4 所示。装配示意图画法及注意事项见 2.4 节。

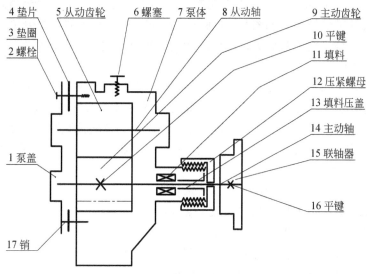

图 5-4 齿轮油泵装配示意图

5.1.4 测绘齿轮油泵各零件

首先把齿轮油泵的各零件进行分类：

标准件（或标准部件）：螺栓、垫圈、螺塞、键等。

轴套类零件：主动轴、主动齿轮、从动轴、从动齿轮、填料压盖、压紧螺母。

轮盘类零件：泵盖、联轴器、垫片。

箱体类零件：泵体。

根据前面章节介绍标准件在测绘中的处理方法，可以确定各标准件的代号和规格，如表 5-1 所示。同时根据四类不同零件的测绘方法，测绘齿轮油泵各零件并绘制草图（具体操作略）。

表 5-1 齿轮油泵的标准件明细表

序　号	代　号	零件名称	数量	备注
2	GB/T 5782—2000	螺栓 M6×20	6	
3	GB/T 97.1—2002	垫　圈	6	
10	GB/T 1096—2003	键 5×5×45	1	
16	GB/T 1096—2003	键 C5×5×35	1	
17	GB/T 119.1—2000	销 5m6×16	2	

5.1.5 绘制齿轮油泵装配图

绘制各零件草图后，根据装配示意图（图5-4），可将零件草图拼画成装配图。

1. 确定装配图表达方案

装配图用主、左两个基本视图表达。根据油泵的结构特点及其工作位置，确定主视图的投射方向，如图5-1所示箭头方向。为了表达内部各零件的位置和装配关系，主视图可采用全剖视图，剖切平面是泵体、主动齿轮和从动齿轮及主动轴等主要零件的前后公共对称平面。左视图采用半剖视表达，剖切位置选择在泵盖和泵体的结合面，未剖开部分可表达主要零件（泵盖和泵体）的外形轮廓和紧固件的分布情况。剖开部分则表达了齿轮油泵的一对齿轮啮合情况，如图5-6所示。此外在左视图的剖开部分再作局部剖视表达进油口的内部结构，由于对称关系也可以清楚地知道出油口的内部结构。

2. 画装配图

（1）定比例，选图幅、视图的定位布局。图形比例大小及图纸幅面大小应根据齿轮油泵的大小、复杂程度，同时还要考虑尺寸标注、序号和明细表所占的位置综合考虑来确定。

视图定位布局如图5-5a所示，画出了主视图作为齿轮油泵装配干线的主动轴和从动轴的轴线、泵体的底面线，泵体左端面的位置线；左视图的对称中心线、泵体的底面线。

（2）逐层画出图形：

①画主动轴和从动轴，如图5-5b所示；

②画齿轮啮合及键连接，如图5-5c所示；

③画泵体和泵盖，如图5-5d所示；

④画其他零件及标准件，如图5-5e所示。

画图时，要两个视图对应着同时画，以保证投影关系的正确。

（3）检查校对全图，清洁图面，描粗、加深图线，画剖面线，见图5-5f。

（4）标注尺寸，编写零件序号，填写明细表、标题栏及技术要求等，见图5-6。

完成全图，结果如图5-6所示。

3. 齿轮油泵装配图的画法说明

1）装配图的尺寸标注

根据装配图的尺寸标注原则和要求，齿轮油泵装配图应标注以下尺寸。

（1）性能尺寸：中心距45js8（±0.02），进出油口螺孔尺寸G3/4，主动轴到泵体底面的距离70。

（2）装配尺寸：主动齿轮与主动轴ϕ17H7/k6，从动齿轮与从动轴ϕ17H7/k6，主动轴与泵盖、泵体均为ϕ15H8/f7，从动轴与泵盖、泵体均为ϕ15H8/f7，销与泵盖ϕ5H7/m6，销与泵体ϕ5H7/m6，主动齿轮与泵体ϕ51H8/f7，从动齿轮与泵体ϕ51H8/f7，主动轴与联轴器ϕ14H7/h6，两齿轮宽度与泵体轮腔深度49H9/f8。

（3）总体尺寸：齿轮油泵的总长170、总宽86、总高167。

（4）安装尺寸：泵体底板的外形尺寸72，两安装孔径ϕ11及两安装孔的定位尺寸23.5、45。

2）齿轮油泵装配图的技术要求

（1）试运转时，采用20号机械油，油温30℃。

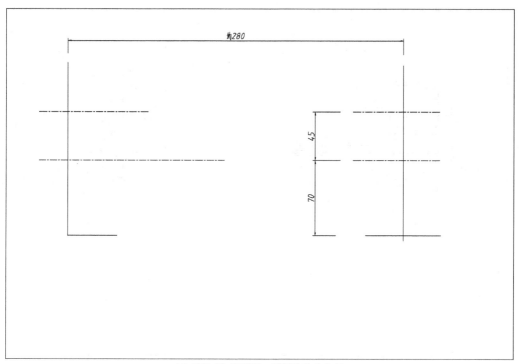

(a) 定比例,选图幅、视图的定位布局

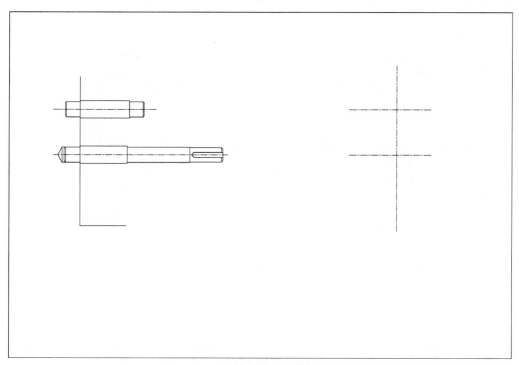

(b) 画主动轴和从动轴

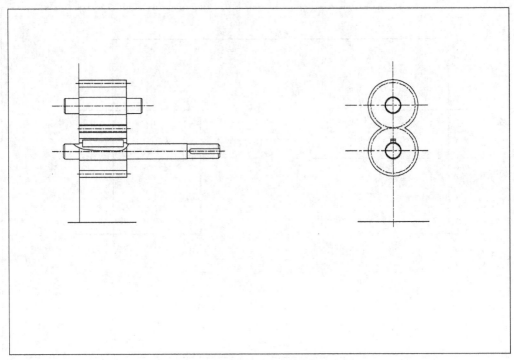

(c) 画齿轮啮合及键连接

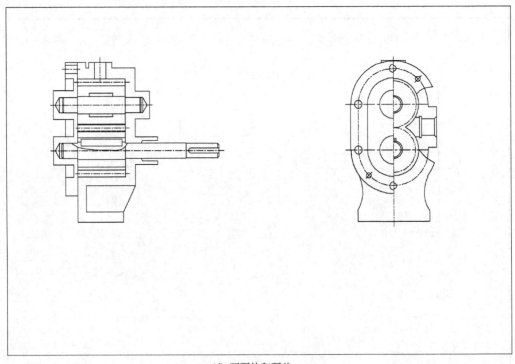

(d) 画泵体和泵盖

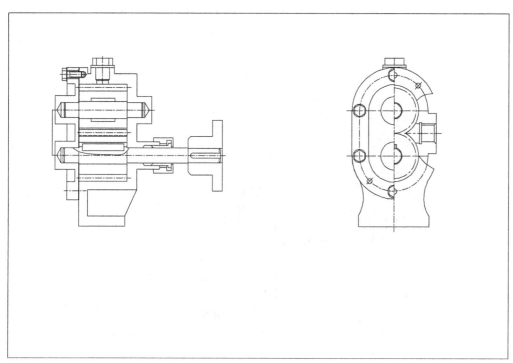

(e) 画其他零件及标准件

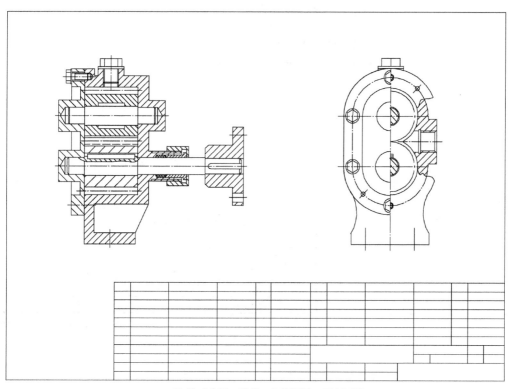

(f) 校对全图，描粗、加深图线，画剖面线

图 5-5　齿轮油泵装配图画法步骤

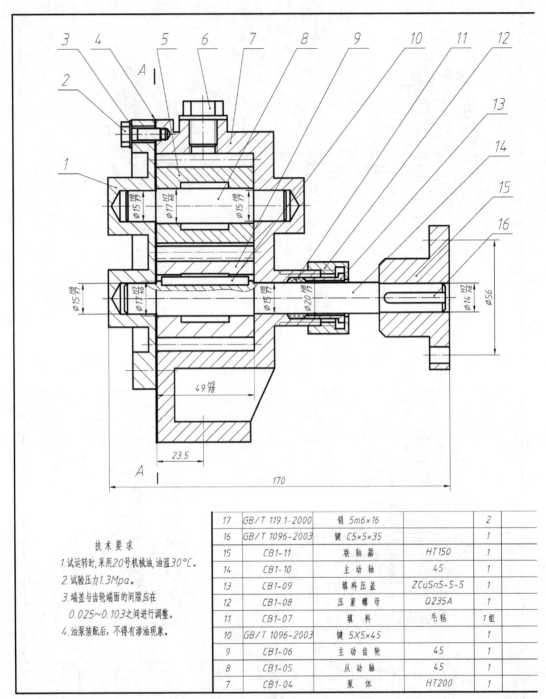

技术要求

1. 试运转时，采用20号机械油，油温30℃。

2. 试验压力1.3Mpa。

3. 端盖与齿轮端面的间隙应在
   0.025~0.103之间进行调整。

4. 油泵装配后，不得有渗油现象。

17	GB/T 119.1-2000	销 5m6×16		2
16	GB/T 1096-2003	键 C5×5×35		1
15	CB1-11	联轴器	HT150	1
14	CB1-10	主 动 轴	45	1
13	CB1-09	填料压盖	ZCuSn5-5-5	1
12	CB1-08	压紧螺母	Q235A	1
11	CB1-07	填 料	毛毡	1组
10	GB/T 1096-2003	键 5X5×45		1
9	CB1-06	主 动 齿 轮	45	1
8	CB1-05	从 动 轴	45	1
7	CB1-04	泵 体	HT200	1

图 5-6 齿轮油泵装配图

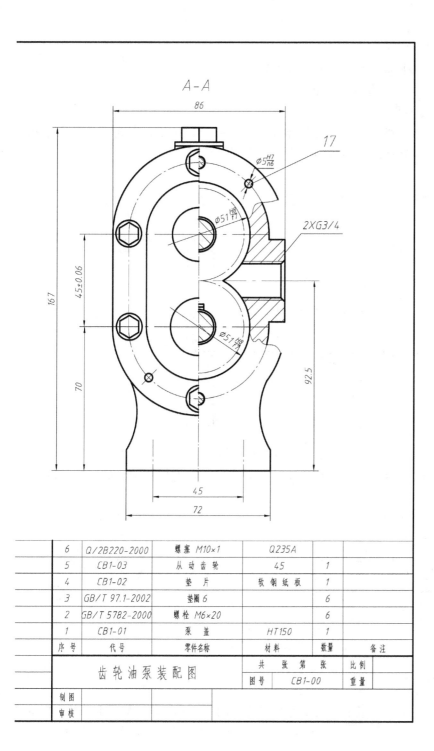

A-A

6	Q/2B220-2000	螺塞 M10×1	Q235A		
5	CB1-03	从动齿轮	45	1	
4	CB1-02	垫 片	软钢纸板	1	
3	GB/T 97.1-2002	垫圈 6		6	
2	GB/T 5782-2000	螺栓 M6×20		6	
1	CB1-01	泵 盖	HT150	1	
序 号	代 号	零件名称	材 料	数量	备 注

齿轮油泵装配图		共　张　第　张		比例	
		图号	CB1-00	重量	
制图					
审核					

69

（2）试验压力1.3MPa。

（3）泵盖与齿轮端面间隙应在0.025～0.103之间进行调整。

（4）油泵装配后，不得有渗油现象。

3）部分结构画法说明

画填料密封装置。作图时，填料应按未压紧的原始位置画出，因此可先画压紧螺母（旋入约5mm），再画填料压盖，最后画联轴器，如图5-7所示。

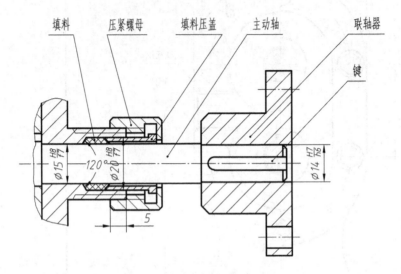

图5-7　填料密封装置的画法

画螺栓连接和螺塞。螺栓可采用比例画法，并要注意在左视图中的画法，如图5-8所示。

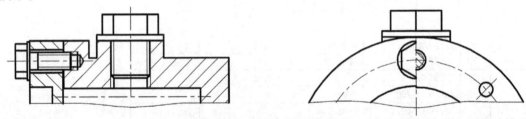

图5-8　螺栓连接及螺塞画法

5.1.6　绘制零件图

在绘制完装配图后，把不符合装配关系的零件草图作必要修改。最后根据整理好的零件草图再绘制零件工作图。图5-9和图5-10是主动轴和泵体的零件图，供参考。

70

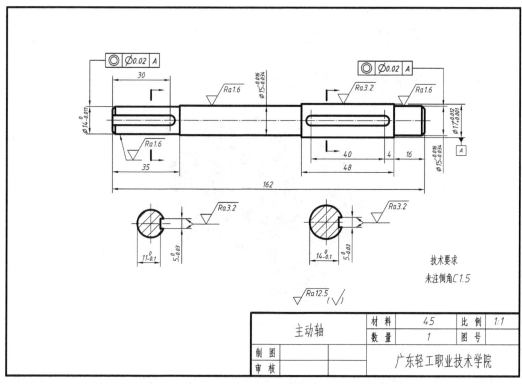

图 5-9　主动轴零件图

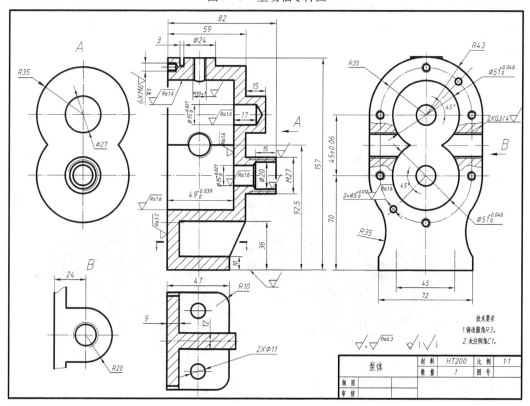

图 5-10　泵体零件图

5.2 测绘实训项目二 一级圆柱齿轮减速器

一级圆柱齿轮减速器外形如图 5-11 所示。

图 5-11 一级圆柱齿轮减速器

5.2.1 分析和了解减速器

图 5-11 所示的减速器是使电动机的高速转动降低到所需速度的一种装置，它安装在电动机和工作机械之间。减速器的类型很多，其中一级圆柱齿轮减速器是最简单的一种，用途广泛。本例中的减速器由齿轮、轴、轴承、箱盖、箱座等零件构成，如图 5-12 所示。

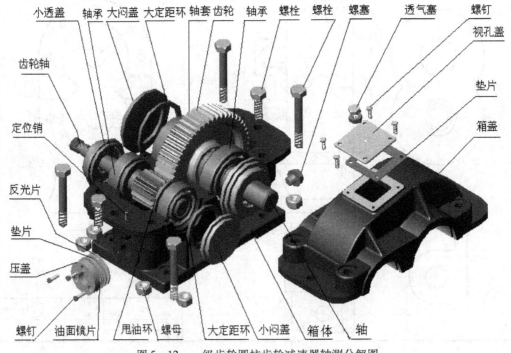

图 5-12 一级齿轮圆柱齿轮减速器轴测分解图

72

减速器的工作原理：电动机的动力通过皮带轮传动到齿轮轴，再由齿轮轴上的小齿轮和大齿轮啮合，将动力传递到输出轴。减速器的减速功能是通过相互啮合齿轮的齿数差异来实现的。如果小齿轮的齿数为 z_1，转速为 n_1，大齿轮的齿数为 z_2，转速为 n_2，则 $n_1/n_2 = z_2/z_1$。最终实现减速的目的。

5.2.2　拆卸减速器

1. 拆卸工具

用到的工具有钳工锤、手钳、活动扳手、起子、冲子（或铁钉）和轴承拉拔器（或木块）等。

2. 拆卸方法和顺序

（1）拆箱盖的视孔盖和透气塞　用扳手将螺钉卸下，拆出视孔盖和垫片，然后再拆出视孔盖上的透气塞和螺母、垫圈。

（2）拆卸箱盖　用手锤和冲子（或铁钉）敲出圆锥销（注意从箱体方向向上敲出），用扳手拧松螺母，拆出所有螺母、垫圈和螺栓，卸下箱盖。

（3）拆卸轴　从箱体内把轴（也称输出轴或低速轴）系的零件全部取出。然后分别卸下两端的大闷盖和大透盖，卸下大定距环，用拉拔器分别把两个轴承取出，如没有拉拔器，则用木块和钳工锤敲出滚动轴承，卸下轴套和齿轮，用手钳夹出平键（一般最好不要拆出，以免破坏平键的配合精度）。

（4）拆卸齿轮轴　从箱体内把齿轮轴（也称输入轴或高速轴）系的零件取出，然后分别卸下两端的小闷盖和小透盖，卸下小定距环，用拉拔器分别把两个轴承取出，卸下两个甩油环。

（5）拆卸螺塞和油标　用扳手拧松螺塞，卸下箱体排污油孔的螺塞和垫片。用起子拧松圆柱头螺钉，卸下压盖、油面镜片、反光片和垫片。

拆卸部件的注意事项见第 2 章。如要重新装配拆卸的零件，装配顺序与拆卸顺序相反。

5.2.3　绘制减速器装配示意图

在拆卸零件的过程中，将减速器的装配示意图画出，如图 5-13 所示。

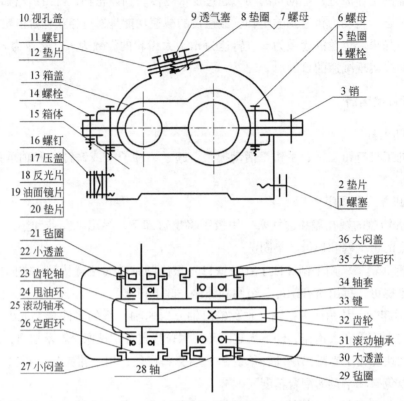

图 5-13　一级圆柱齿轮减速器的装配示意图

5.2.4　测绘减速器的零件

本例中减速器共有 36 种零件，其中标准件有 15 种，专用零件有 21 种。15 种标准件参见表 5-2。标准件不需绘制草图，只需要测量其主要尺寸，参照第 3 章内容，查有关设计手册确定其代号及规格。

表 5-2　减速器的标准件明细表

序号	代号	名称	数量	序号	代号	名称	数量
1	JB/ZQ 4450—1986	螺塞 M10×1	1	14	GB/T 5782—2000	螺栓 M8×35	2
3	GB/T 117—2000	销 3×16	2	16	GB/T 67—2000	螺钉 M3×12	3
4	GB/T 93—1997	垫圈 8	6	21	JB/ZQ 4606—1997	毡圈 20	1
5	GB/T 6170—2000	螺母 M8	6	25	GB/T 276—2013	滚动轴承 6204	2
6	GB/T 5782—2000	螺栓 M8×70	4	29	JB/ZQ 4606—1997	毡圈 30	1

序号	代号	名称	数量	序号	代号	名称	数量
7	GB/T 6170—2000	螺母 M10×1	1	31	GB/T 276—2013	滚动轴承 6206	2
8	GB/T 97.1—2002	垫圈 10	2	33	GB/T 1096—2003	键 10×8×12	1
11	GB/T 67—2000	螺钉 M3×10	4				

表 5-3 列出减速器中需要绘制草图的 21 种零件,读者可以根据第 4 章介绍的不同类型零件测绘的方法绘制这些零件的草图。这里不再叙述。

表 5-3 减速器各类零件明细表

序号	代 号	名 称	数量	零件类型	序号	代 号	名 称	数量	零件类型
2	ZDY70-01	垫 片	1	轴套类零件	23	ZDY70-12	齿轮轴	1	轴套类零件
9	ZDY70-02	透气塞	1	轴套类零件	24	ZDY70-13	甩油环	2	轮盘类零件
10	ZDY70-03	视孔盖	1	轮盘类零件	26	ZDY70-14	定距环	1	轴套类零件
12	ZDY70-04	垫 片	1	轮盘类零件	27	ZDY70-15	小闷盖	1	轮盘类零件
13	ZDY70-05	箱 盖	1	箱体类零件	28	ZDY70-16	轴	1	轴套类零件
15	ZDY70-06	箱 体	1	箱体类零件	30	ZDY70-17	大透盖	1	轮盘类零件
17	ZDY70-07	压 盖	1	轮盘类零件	32	ZDY70-18	齿 轮	1	轮盘类零件
18	ZDY70-08	反光片	1	轮盘类零件	34	ZDY70-19	轴 套	1	轴套类零件
19	ZDY70-09	油面镜片	1	轮盘类零件	35	ZDY70-20	大定距环	1	轴套类零件
20	ZDY70-10	垫 片	2	轮盘类零件	36	ZDY70-21	小闷盖	1	轮盘类零件
22	ZDY70-11	小透盖	1	轮盘类零件					

5.2.5 绘制减速器装配图

1. 减速器装配图的表达方案分析

本例减速器装配图选用主视图、俯视图、左视图三个基本视图来表达。按工作位置选

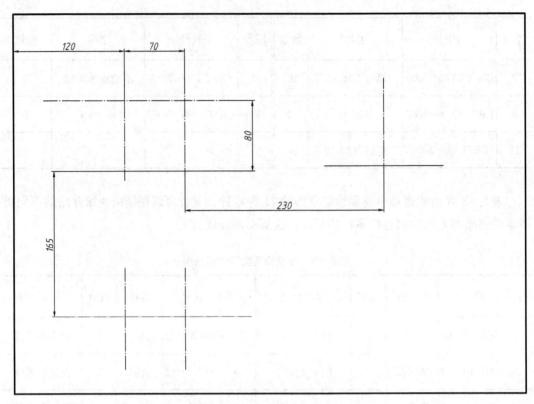

(a) 定比例、选图幅、定位布局

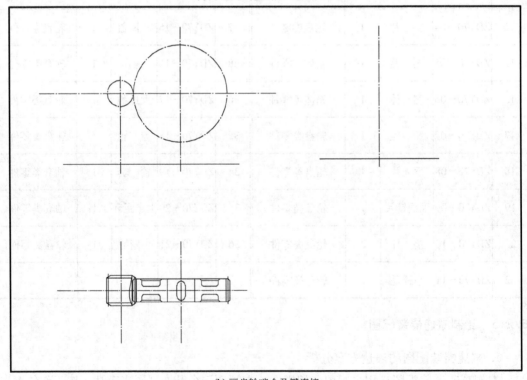

(b) 画齿轮啮合及键连接

76

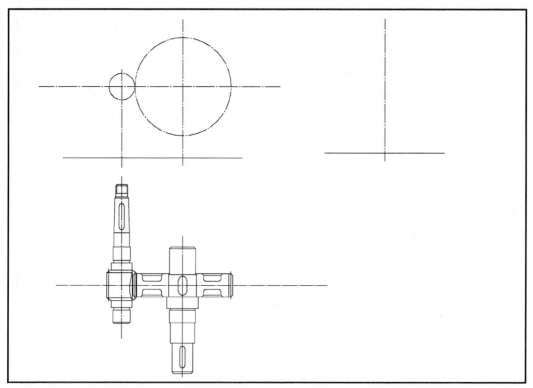

(c) 画齿轮轴和轴

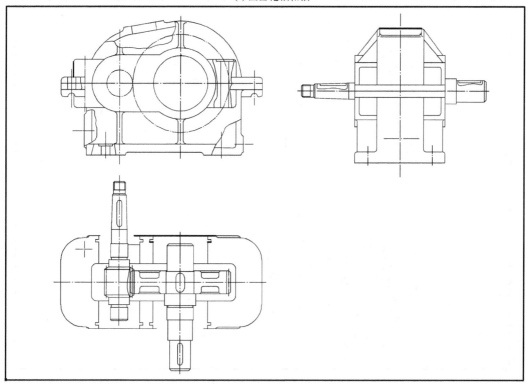

(d) 画箱体和箱盖

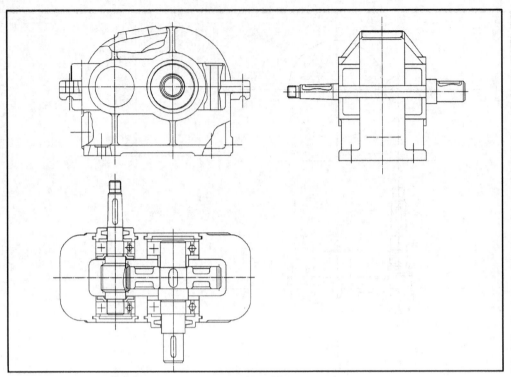

(e) 画两轴系零件

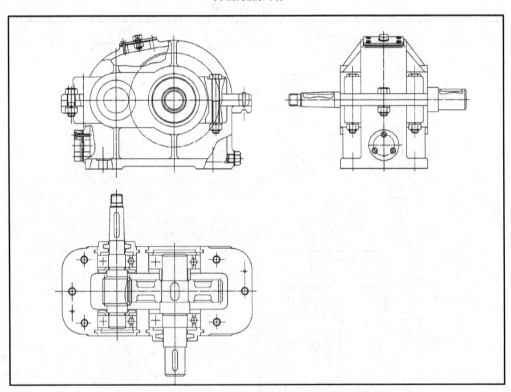

(f) 画其他零件及细部结构

图 5-14　减速器装配图画图步骤

择的主视图是要表达整个部件的外形特征，通过几处局部剖视，反映了视孔盖和透气塞、油标、放油孔与螺塞等部位的装配关系和各零件间的相对位置及连接方式。

为了清楚表明减速器的齿轮轴和轴两条主要装配干线和轴上各零件的相对位置以及装配关系，俯视图采用沿箱盖和箱体的结合面剖切来表达，如图 5-15 所示。剖开后可以清晰地展现出轴上各零件及轴与轴之间的装配和传动关系。在俯视图中，两轴属于实心零件（包括齿轮轴上的小齿轮），沿轴向剖切时，应按不剖处理，而大齿轮不属于实心零件，为反映大齿轮与小齿轮之间的啮合关系，图中在啮合处对齿轮轴作局部剖视表达。

左视图主要是补充表达减速器的外部形状。

2. 画装配图

（1）定比例、选图幅、视图的定位布局如图 5-14a 所示，图形比例大小及图纸幅面大小应根据减速器的大小、复杂程度以及尺寸标注、序号、明细表所占的位置综合考虑确定。

视图定位布局如图 5-14a 所示，画出视图的轴线、底面和箱体的对称面。

（2）逐层画出图形：

①画齿轮啮合及键连接，如图 5-14b 所示。在俯视图中，以箱体的对称面为中心平面，画出两齿轮的轮廓。

②画齿轮轴和轴，如图 5-14c 所示。画轴（序号28）时，由于轴肩与齿轮的轮毂端面接触，所以轴以此定位。

③画箱体和箱盖，如图 5-14d 所示。在俯视图中，使齿轮宽度方向（即轴向）的中心平面与箱体前后方向的中心平面重合。

④画两轴系零件，沿齿轮的两端逐一画出轴上其他零件，如图 5-14e 所示。

⑤画其他零件及细部结构，如图 5-14f 所示。

（3）检查校对全图，清洁图面，描粗、加深图线、画剖面线，注意相邻零件的剖面符号方向相反或间隔错开，见图 5-15。

（4）标注尺寸，编写零件序号。填写明细表、标题栏及技术要求等，见图 5-15。

完成全图结果如图 5-15 所示。

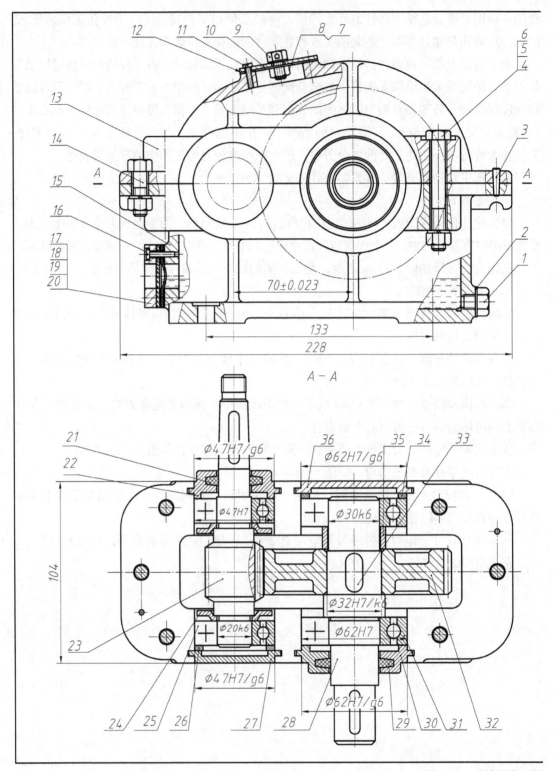

图 5-15 减速器装配图

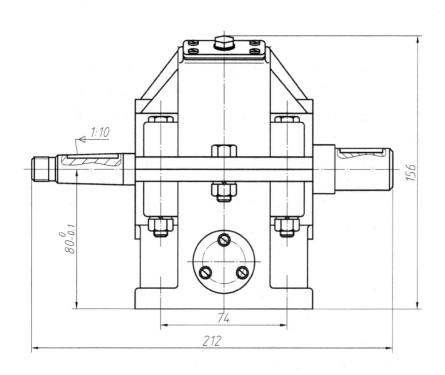

技术要求

1. 装配前所有零件应用煤油清洗。
2. 装配后，箱内注入N32号机械油，油面高度应达到油面镜片的中线。
3. 齿轮啮合的最小侧隙不小于0.16。
4. 减速器运转应平稳，响声应均匀。
5. 箱盖与箱体结合面应涂密封胶，不应出现漏油。
6. 表面涂油漆防锈。
7. 减速比为55/15=3.67。

36	ZDY70-21	大闷盖	1	HT 150	
35	ZDY70-20	轴套	1	Q235A	
34	ZDY70-19	大定距环	1	Q235A	
33	GB/T79.1-2002	键10×8×12	1		
32	ZDY70-18	齿轮	1	35	m=2 Z=55
31	GB/T276-2013	滚动轴承6206	2		
30	ZDY70-17	大透盖	1	HT 150	
29	JB/ZQ4606-1997	毡圈30	1		
28	ZDY70-16	轴	1	45	
27	ZDY70-15	小闷盖	1	HT 150	
26	ZDY70-14	定距环	1	Q235A	
25	GB/T276-2013	滚动轴承6204	2		
24	ZDY70-13	甩油环	2	Q235A	
23	ZDY70-12	齿轮轴	1	38SiMnMo	m=2 Z=15
22	ZDY70-11	小透盖	1	HT 150	

21	JB/ZQ4606-1997	毡圈20	1		
20	ZDY70-10	垫片	2	软钢板纸	
19	ZDY70-09	油面镜片	1	有机玻璃	
18	ZDY70-08	反光片	1	LY13	
17	ZDY70-07	压盖	1	ZL 3	
16	GB/T67-2000	螺钉M3×16	3		
15	ZDY70-06	箱体	1		
14	GB/T5782-2000	螺栓M8×30	2		
13	ZDY70-05	箱盖	1	HT200	
12	ZDY70-04	垫片	1	软钢板纸	
11	GB/T67-2000	螺钉M3×10	4		
10	ZDY70-03	视孔盖	1	Q235A	
9	ZDY70-02	透气塞	1	Q235A	
8	GB/T 97.1-2002	垫圈10	2		
7	GB/T6170-2000	螺母M10×1	1		
6	GB/T 5782-2000	螺栓M8×65	4		
5	GB/T6170-2000	螺母M8	6		
4	GB/T 93-1997	垫圈8	6		
3	GB/T117-2000	销3×16	2		
2	ZDY70-01	垫片	1	石棉橡胶纸	
1	JB/ZQ4450-1986	螺塞M10×1	1		
序号	代号	名称	数量	材料	备注

减速器装配图			共张 第张	比例	1:1
制图			图号 ZDY70-00	重量	
审核					

5.2.6 测绘说明

1. 装配图上的尺寸

根据装配图的尺寸标注原则和要求，减速器装配图需标注以下几种尺寸。

（1）性能尺寸　两轴中心距 70js8（±0.023），轴到安装面的距离 80。

（2）装配尺寸　齿轮孔与轴 ϕ 32H7/k6，轴与轴承内径 ϕ 30k6，轴承外径与箱体孔 ϕ 62H7，齿轮轴与轴承内径 ϕ 20k6，轴承外径与箱体孔 ϕ 47H7，小透盖和小闷盖分别与箱体和箱盖孔 ϕ 47H7/g6，大透盖和大闷盖分别与箱体和箱盖孔 ϕ 62H7/g6。

（3）总体尺寸　减速器的总长、总宽和总高。

（4）安装尺寸　减速器安装在其他设备上或基础上需要的尺寸，该尺寸是箱体底板安装孔的大小和其定位尺寸。

2. 减速器的技术要求（文字注写部分）

（1）装配前所有零件应用煤油清洗。

（2）装配后，箱内注入 N32 号机械油，油面高度应达到油面镜片的中线。

（3）齿轮啮合的最小侧隙不小于 0.16。

（4）减速器运转应平稳，响声应均匀。

（5）箱盖与箱体结合面应涂密封胶，不应出现漏油。

（6）表面涂油漆防锈。

（7）减速比为 55/15 = 3.67。

3. 其他说明

（1）减速器的润滑方式是采用浸油润滑，在减速器箱体内装有润滑剂，大齿轮运转时，轮齿齿面上饱蘸的油剂即可被带到小齿轮的齿面上，以保证两齿轮在润滑状态下啮合传动。

（2）轴（低速轴）和齿轮轴（高速轴）上分别装有一对滚动轴承，选用的是深沟球轴承。油剂沿大齿轮的两端面流入轴两边的轴承中，使轴承得以润滑；小齿轮所在的齿轮轴两端的滚动轴承是采用润滑脂润滑，考虑到可能有少量的油剂飞溅流入轴承中，故在小齿轮两端与两轴承之间分别设置了甩油环，以防止油剂稀释轴承内的润滑脂。

（3）在透盖内开有一梯形沟槽，并在沟槽内填入油封毡圈起密封作用。目的一是为了防止箱体内的润滑剂由两轴伸处渗漏，二是防止灰尘等异物由轴伸处进入箱体内。油封毡圈及沟槽的尺寸见表 5-4。

表 5-4 毡圈油封的形式和尺寸

单位：mm

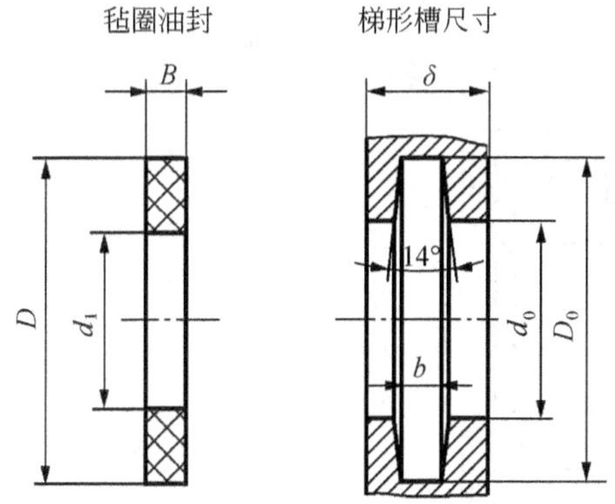

毡圈油封　　　梯形槽尺寸

标记示例:d=20mm的毡圈油封；
毡圈20 JB/ZQ4606

轴径 d	毡圈油封			槽			δ_{min}	
	D	d_1	B	D_0	d_0	b	钢	铸铁
15	29	14	6	28	16	5	10	12
20	33	19		32	21			
25	39	24	7	38	26	6		
30	45	29		44	31			
35	49	34		48	36			
40	53	39		52	41			
45	61	44	8	60	46	7	12	15
50	69	49		68	51			
55	74	53		72	56			
60	80	58		78	61			
65	84	63		82	66			
70	90	68		88	71			
75	94	73		92	77			
80	102	78	9	100	82	8	15	18
85	107	83		105	87			
90	112	88		110	92			

（4）在箱盖与箱体连接的凸缘上配作销孔。定位销是为保证每次拆装箱盖时，箱盖与箱体两组半轴承座孔不错位，起定位作用。

（5）油标装置位于减速器箱体左侧面的居中位置上，由反光片、油面镜片及压盖、垫片等零件组成。油面镜片是为观察润滑剂的液面高度而设置的。液面的正常高度应保证大齿轮下部的浸入深度在 1～2 个齿高之间。

（6）换油装置。换油装置的主要零件螺塞是标准件，其结构形式和尺寸在有关设计手册上查到。箱体油池内的齿轮油需定期排放污油、清洗并注入新油。为此，箱体底面铸成左高右低倾斜面，并在低位端的居中位置上钻有排油孔且制备了螺纹，以便拧入螺塞。拧开螺塞后可排放污油。

（7）视孔盖和透气塞位于减速器箱盖的观察窗上。箱盖上开有方形窗，称为观察窗。主要用来观察和检查齿轮啮合情况。观察窗还可用来添加润滑剂或换油后注入新油。在观察窗的视孔盖上装有一透气塞，在透气塞的轴向还钻了一个较深的孔，使之与侧面上所钻的孔连通，以便引排减速器内腔由于齿轮运转摩擦发热而引起的高压气体。

（8）起吊装置的起吊钩通常位于箱体凸缘的下方，左右两端四个钩状结构。

5.2.7　减速器的部分结构画法说明

1. 滚动轴承及其相邻零件间的装配画法

滚动轴承及其相邻的几个零件在装配图中的画法，如图 5-16 所示。滚动轴承的上半部分为规定画法，下半部分为通用画法（也可全部采用通用画法）。上半部分采用规定画法时，要注意内圈与外圈的剖面线相同。下半部分的通用画法是用垂直相交的十字线表示，十字线需用粗实线绘制，且不得接触四周的轮廓线。具体画法可参阅第 3 章。

与滚动轴承相邻的齿轮轴、甩油环、透盖及油封毡圈的装配关系及其画法见图5-16。油封的形状是矩形，但装配在梯形槽内，经压变形后也成梯形。甩油环的内孔应套在装轴承的轴颈上，不能落入退刀槽里。透盖与齿轮轴间应留间隙，画成双线。

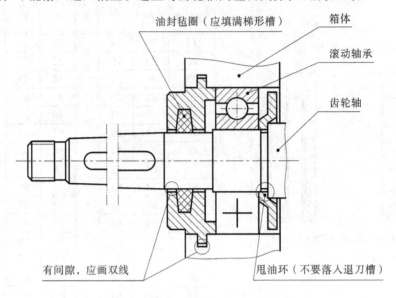

图5-16 滚动轴承及其相邻零件间的装配画法

2. 轴伸部分的画法

齿轮轴与轴的轴伸部分通过键连接带动齿轮或皮带轮进行输入、输出运动。当图纸幅面空间不大足够时，轴伸部分可如图5-16所示采用断裂画法。

3. 油标装置的画法

油标装置的形式有多种。本例中的油标装置由压盖、油面镜片、反光片、垫片组成，其装配关系可考虑在装配图的主视图中用局部剖视表示，见图5-17。

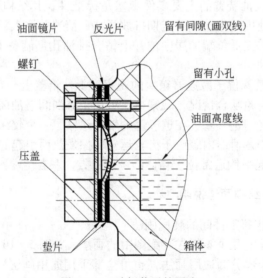

图5-17 油标装置的画法

84

图中供观察用的油面镜片是有机玻璃制成，按国家标准规定，剖切后允许不画剖面线。剖开的垫片允许涂黑代替剖面线。反光片材料是薄铝片，其上要画剖面符号，反光片上留有两个小孔，注意不要漏画。螺钉选用的是圆柱头螺钉，被拧入压盖的沉孔中。画图时，螺钉的外端宜画成与周围表面齐平，如图 5-17 所示。

4. 轴套与轴肩装配关系的画法

轴套用来确定相关零件的轴向定位，图 5-18 所示是轴套与轴肩装配关系合理和不合理的画法。合理画法中轴套与轴肩处留有间隙，方能使轴套有效地起到定位作用。不合理画法中轴套同时顶住大齿轮和轴肩，很难起到轴向定位作用。

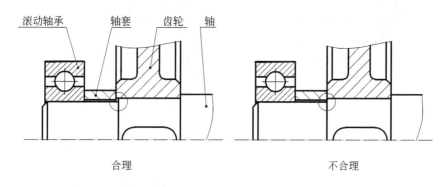

图 5-18　轴套与轴肩装配关系的画法

5. 视孔盖、透气塞的画法

位于箱盖上方的视孔盖被四个螺钉固定在箱盖上。视孔盖的中央装有透气塞，透气塞又名通气器。测绘时按实物确定其形状和尺寸画出便可，见图 5-19。

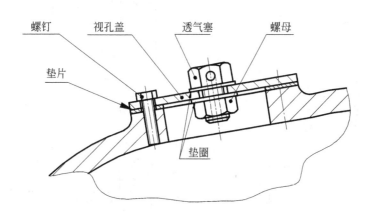

图 5-19　透气塞和视孔盖装配画法

5.2.8　绘制零件工作图

在绘制完装配图后，把不符合装配关系的零件草图做必要修改。最后根据整理好的零件草图再绘制零件工作图。

图 5-20 和图 5-21 分别是经整理后绘制的出箱盖和齿轮轴零件图，供参考。

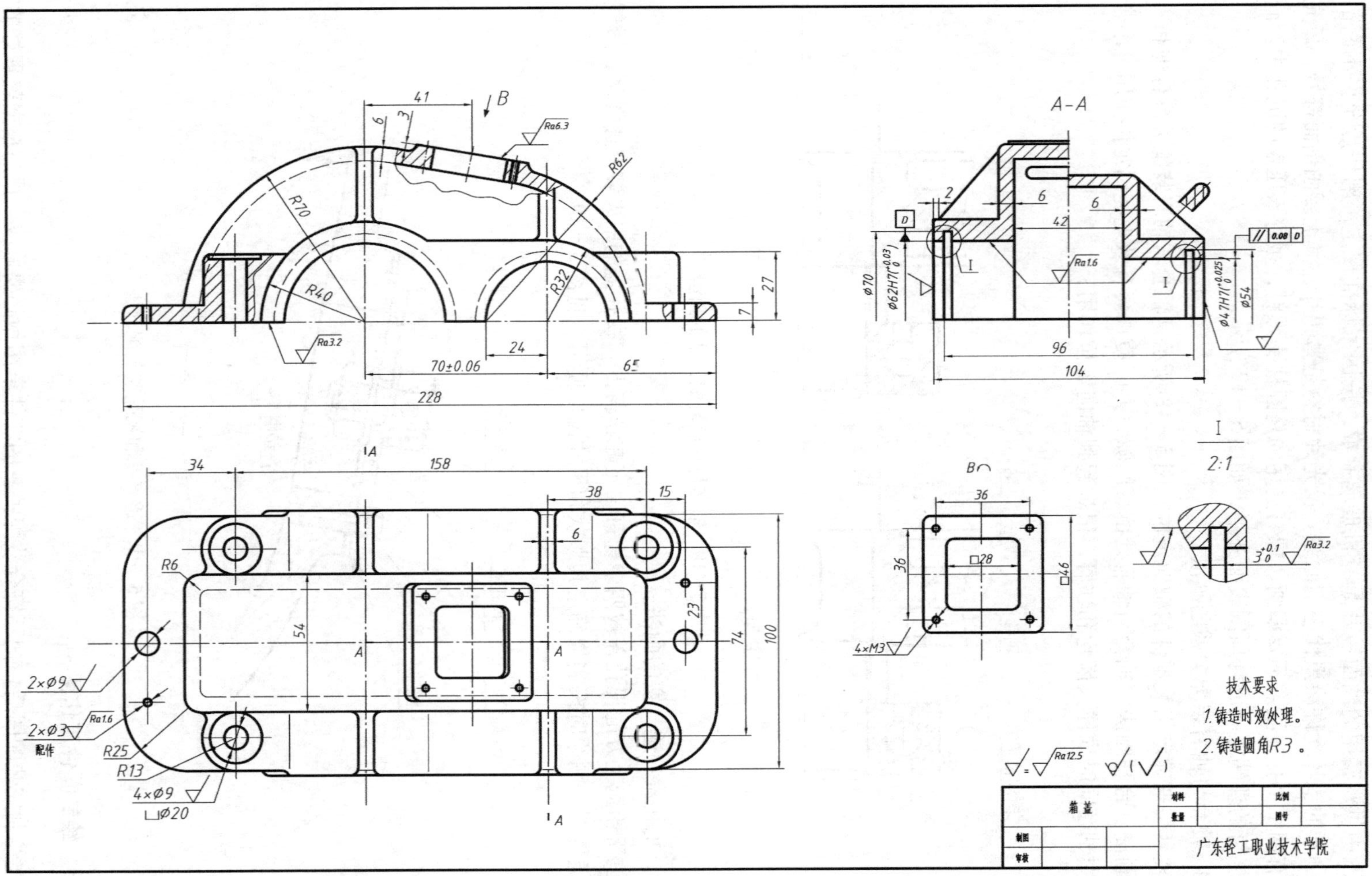

图5-20 箱盖零件图

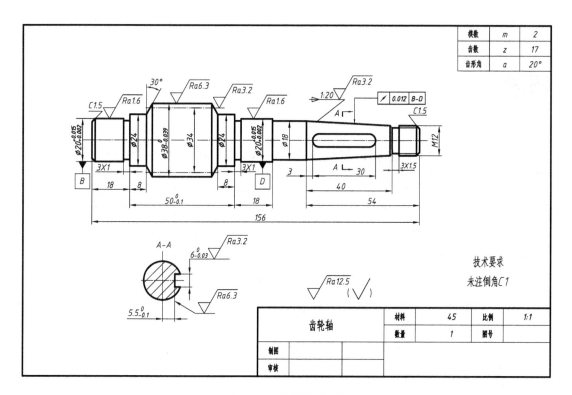

模数	m	2
齿数	z	17
齿形角	a	20°

技术要求

未注倒角 C1

齿轮轴			材料	45	比例	1:1
			数量	1	图号	
制图						
审核						

图 5-21　齿轮轴零件图

附录

附表1 装配示意图常用简图符号（根据 GB/T 4460—2013）

名 称			基本符号	可用符号
轴、杆				
组成部分与轴（杆）的固定连接			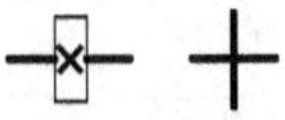	
齿轮机构	齿轮（不指明齿线）	a. 圆柱齿轮	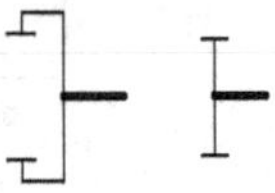	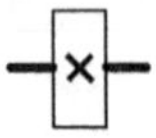
		b. 圆锥齿轮	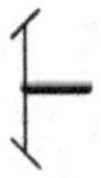	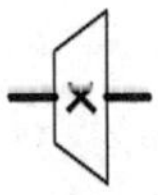
	齿轮传动（不指明齿线）	a. 圆柱齿轮	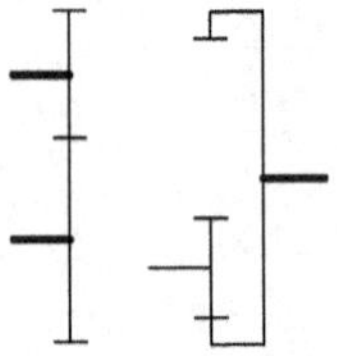	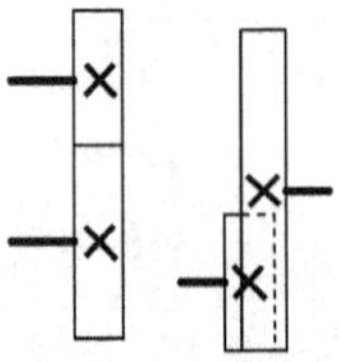
		b. 圆锥齿轮	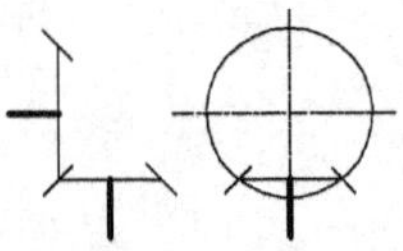	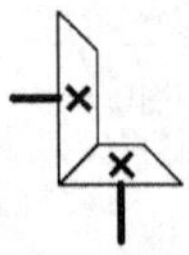
		c. 蜗轮与圆柱蜗杆	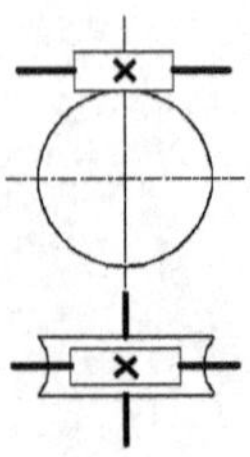	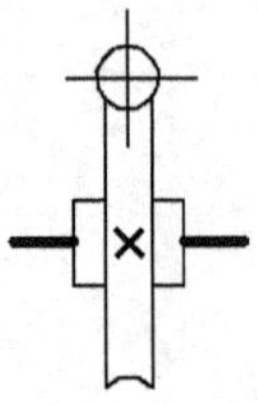

名　　称	基本符号	可用符号
联轴器 一般符号（不指明类型） 		
皮带传动 一般符号（不指明类型） 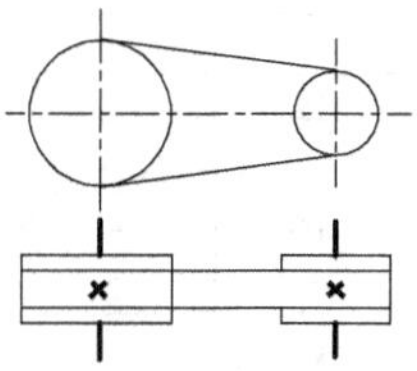		
螺杆传动 整体螺母	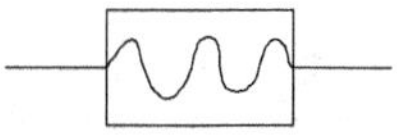	
轴承	a. 普通轴承		
	b. 滚动轴承	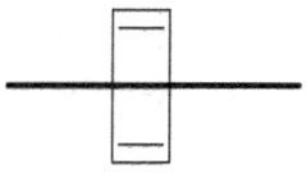	
	c. 推力滚动轴承	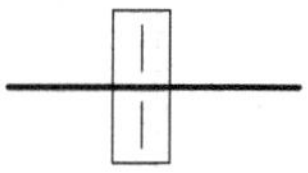	
	d. 向心推力滚动轴承	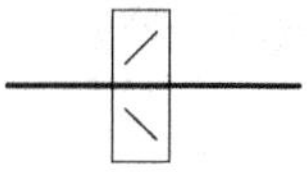	
电动机 一般符号 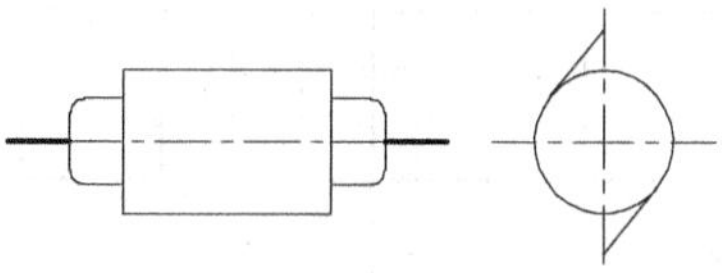		
压缩弹簧 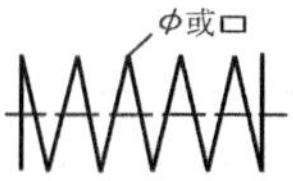		

附表 2　标准尺寸（摘自 GB/T 2822—2005）

R10	R20	R40	R'10	R'20	R'40	R10	R20	R40	R'10	R'20	R'40
5.00	5.00		5.0	5.0				53.0			53
	5.60			5.5			56.0	56.0		56	56
6.30	6.30		6.0	6.0				60.0			60
	7.10			7.0		63.0	63.0	63.0	63	63	63
8.00	8.00		8.0	8.0				67.0			67
	9.00			9.0			71.0	71.0		71	71
10.00	10.00		10.0	10.0				75.0			75
	11.2			11		80.0	80.0	80.0	80	80	80
12.50	12.5	12.5	12	12	12			85.0			85
		13.2			13		90.0	90.0		90	90
	14.0	14.0		14	14			95.0			95
		15.0			15	100.0	100.0	100.0	100	100	100
16.0	16.0	16.0	16	16	16			106			106
		17.0			17		112	112		110	110
	18.0	18.0		18	18			118			120
		19.0			19	125	125	125	125	125	125
20.0	20.0	20.0	20	20	20			132			130
		21.2			21		140	140		140	140
	22.4	22.4		22	22			150			150
		23.6			24	160	160	160	160	160	160
25.0	25.0	25.0	25	25	25			170			170
		26.5			26		180	180		180	180
	28.0	28.0		28	28			190			190
		30.0			30	200	200	200	200	200	200
31.5	31.5	31.5	32	32	32			212			210
		33.5			34		224	224		220	220
	33.5	33.5		36	36			236			240
		37.5			38	250	250	250	250	250	250
40.0	40.0	40.0	40	40	40			265			260
					42		280	280		280	280
	45.0	45.0		45	45			300			300
		47.5			48	315	315	315	320	320	320
50.0	50.0	50.0	50	50	50			335			340

附表 3　公差等级的应用

应　　用	公差等级（IT）																			
	01	0	1	2	3	4	5	6	7	8	9	10	11	12	13	14	15	16	17	18
高精度标准量块（块规）																				
量块，检验高精度工件用的量规及轴用卡规的校对塞规																				
特别精密零件的配合尺寸																				
检验低精度工件用的量规、精密零件的配合尺寸																				
配合尺寸																				
原材料公差																				
未注公差尺寸（非配合尺寸，冲压件、模锻件、铸件等）																				

附表4 公差等级的选择及应用

公差等级	应 用 范 围	举 例
IT01	用于特别精密的尺寸传递基准	特别精密的标准量块
IT0	用于特别精密的尺寸传递基准及宇航中特别重要的精密配合尺寸	特别精密的标准量块,个别特别重要的精密机械零件尺寸,校对检验IT6级轴用量规的校对量规
IT1	用于精密的尺寸传递基准、高精密测量工具特别重要的极个别精密配合尺寸	高精密标准量规,校对检验IT7～IT9级轴用量规的校对量规,个别特别重要的精密机械零件尺寸
IT2	用于高精密的测量工具,特别重要的精密配合尺寸	检验IT6～IT7级工件用量规的尺寸制造公差,校对检验IT8～IT11级轴用量规的校对塞规,个别特别重要的精密机械零件尺寸
IT3	用于精密测量工具,小尺寸零件的高精度的精密配合以及和C级滚动轴承配合的轴径与外壳孔径	检验IT8～IT11级工件用量规和校对检验IT9～IT13级轴用量规的校对量规,与特别精密的P4级滚动轴承内环孔(直径至100mm)相配的机床主轴,精密机械和高速机械的轴颈,与P4级向心球轴承外环相配合的壳体孔径,航空及航海工业中导航仪器上特殊精密的个别小尺寸零件的精度配合
IT4	用于精密测量工具、高精度的精密配合和P4级、P5级滚动轴承配合的轴径和外壳孔径	检验IT9～IT12级工件用量规和校对IT12～IT14级轴用量规的校对量规,与P4级轴承孔(孔径>100mm)及与P5级轴承孔相配的机床主轴,精密机械和高速机械的轴颈,与P4级轴承相配的机床外壳孔,柴油机活塞销及活塞销座孔径,高精度(1～4级)齿轮的基准孔或轴径,航空及航海工业中用仪器的特殊精密的孔径
IT5	用于配合公差要求很小,形状公差要求很高的条件下,这类公差等级能使配合性质比较稳定用于机床、发动机和仪表中特别重要的配合尺寸,一般机械中应用较少	检验IT11～IT14级工件用量规和校对IT14～IT15级轴用量规的校对量规,与P5级滚动轴承相配的机床箱体孔,与E级滚动轴承孔相配的机床主轴,精密机械及高速机械的轴颈,机床尾架套筒,高精度分度盘轴颈,分度头主轴,精密丝杠基准轴颈,高精度镗套的外径等;发动机中主轴、仪表中的精密孔的配合,5级精度齿轮的孔及5级、6级精度齿轮的基准轴

公差等级	应 用 范 围	举 例
IT6	配合表面有较高均匀性的要求，能保证相当高的配合性质，使用稳定可靠，广泛的应用于机械中的重要配合	检验 IT12～IT15 级工件用量规和校对 IT15～IT16 级轴用量规的校对量规；与 E 级轴承相配的外壳孔及与滚子轴承相配的机床主轴轴颈，机床制造中装配式青铜蜗轮、轮壳外径安装齿轮、蜗轮、联轴器、皮带轮、凸轮的轴颈；机床丝杠支承轴颈、矩形花键的定心直径、摇臂钻床的立柱等；机床夹具的导向件的外径尺寸，精密仪器中的精密轴，航空及航海仪表中的精密轴，自动化仪表，邮电机械，手表中特别重要的轴，发动机中气缸套外径，曲轴主轴颈，活塞销、连杆衬套，连杆和轴瓦外径；6 级精度齿轮的基准孔和 7 级、8 级精度齿轮的基准轴颈，特别精密如 1 级或 2 级精度齿轮的顶圆直径
IT7	在一般机械中广泛应用，应用条件与 IT6 相似，但精度稍低	检验 IT14～IT16 级工件用量规和校对 IT16 级轴用量规的校对量规；机床中装配式青铜蜗轮轮缘孔径，联轴器、皮带轮、凸轮等的孔径，机床卡盘座孔，摇臂钻床的摇臂孔，车床丝杠的轴承孔，机床夹头导向件的内孔，发动机中连杆孔、活塞孔，铰制螺柱定位孔；纺织机械中的重要零件，印染机械中要求较高的零件，精密仪器中精密配合的内孔，电子计算机、电子仪器、仪表中重要内孔，自动化仪表中重要内孔，7 级、8 级精度齿轮的基准孔和 9 级、10 级精密齿轮的基准轴
IT8	在机械制造中属于中等精度，在仪器、仪表及钟表制造中，由于基本尺寸较小，所以属于较高精度范围，在农业机械、纺织机械、印染机械、自行车、缝纫机、医疗器械中应用量广	检验 IT16 级工件用量规，轴承座衬套沿宽度方向的尺寸配合，手表中跨齿轴，棘爪拨针轮等与夹板的配合，无线电仪表中的一般配合
IT9	应用条件与 IT8 相类似，但精度低于 IT8 时采用	机床中轴套外径与孔，操纵件与轴，空转皮带轮与轴，操纵系统的轴与轴承等的配合，纺织机械、印染机械中一般配合零件，发动机中机油泵体内孔，气门导管内孔，飞轮与飞轮套的配合，自动化仪表中的一般配合尺寸，手表中要求较高零件的未注公差的尺寸，单键联接中键宽配合尺寸，打字机中运动件的配合尺寸

公差等级	应 用 范 围	举 例
IT10	应用条件与 IT 9 相类似，但要求精度低于 IT 9 时采用	电子仪器、仪表中支架上的配合，导航仪器中绝缘衬套孔与汇电环衬套轴，打字机中铆合件的配合尺寸，手表中基本尺寸小于 18 mm 时要求一般的未注公差的尺寸及大于 18 mm 要求较高的未注公差尺寸，发动机中油封挡圈孔与曲轴皮带轮毂配合的尺寸
IT11	广泛应用于间隙较大，且有显著变动也不会引起危险的场合，亦可用于配合精度较低，装配后允许有较大的间隙	机床上法兰盘止口与孔、滑块与滑移齿轮、凹槽等；农业机械、机车车厢部件及冲压加工的配合零件，钟表制造中不重要的零件，手表制造用的工具及设备中未注公差的尺寸，纺织机械中较粗糙的活动配合，印染机械中要求较低的配合尺寸，磨床制造中的螺纹联接及粗糙的动联接，不作测量基准用的齿轮顶圆直径公差等
IT12	配合精度要求很低，装配后有很大的间隙，适用于基本上无配合要求的部位，要求较高的未注公差的尺寸极限偏差	非配合尺寸及工序间尺寸，发动机分离杆，手表制造中工艺装备的未注公差尺寸，计算机工业中金属加工的未注公差尺寸的极限偏差，机床制造业中扳手孔和扳手座的联接等
IT13	应用条件与 IT12 相类似	非配合尺寸及工序间尺寸，计算机、打字机中切削加工零件及圆片孔，二孔中心距的未注公差尺寸
IT14	用于非配合尺寸及不包括在尺寸链中的尺寸	在机床、汽车、拖拉机、冶金机械、矿山机械、石油化工、电机、电器、仪器仪表、航空航海、医疗器械、钟表、自行车、缝纫机、造纸与纺织机械等机械加工零件中未注公差尺寸的极限偏差
IT15	用于非配合尺寸及不包括在尺寸链中的尺寸	冲压件、木模铸造零件、重型机床制造，当基本尺寸大于 3150 mm 时的未注公差的尺寸极限偏差
IT16	用于非配合尺寸	打字机中浇铸件尺寸，无线电制造业中箱体外形尺寸，手术器械中的一般外形尺寸，压弯延伸加工用尺寸，纺织机械中木件的尺寸，塑料零件的尺寸，木模制造及自由锻造的尺寸
IT17～IT18	用于非配合尺寸	用于塑料成型尺寸，手术器械中的一般外形尺寸，冷作和焊接用尺寸的公差

附表5 各种加工方法能达到的公差等级

加工方法	01	0	1	2	3	4	5	6	7	8	9	10	11	12	13	14	15	16
研磨	■	■	■	■	■	■												
珩						■	■	■	■									
圆磨							■	■	■	■								
平磨							■	■	■	■								
金刚石车							■	■	■									
金刚石镗							■	■	■									
拉削							■	■	■	■								
绞孔								■	■	■	■	■						
车									■	■	■	■	■					
镗									■	■	■	■	■					
铣									■	■	■	■	■					
刨、插										■	■	■	■					
钻孔												■	■	■	■			
液压、挤压								■	■	■	■	■						
冲压												■	■	■	■	■		
压铸													■	■	■	■		
粉末冶金成型								■	■	■								
粉末冶金烧结									■	■	■							
砂型铸造、气割																	■	■
锻造																■	■	■

附表6 公称尺寸小于500mm时标准公差数值（GB/T 1800.1—2009）

公称尺寸（mm）大于	至	IT01	IT0	IT1	IT2	IT3	IT4	IT5	IT6	IT7	IT8	IT9	IT10	IT11	IT12	IT13	IT14	IT15	IT16	IT17	IT18
		μm													mm						
—	3	0.3	0.5	0.8	1.2	2	3	4	6	10	14	25	40	60	0.1	0.14	0.25	0.4	0.6	1	1.4
3	6	0.4	0.6	1	1.5	2.5	4	5	8	12	18	30	48	75	0.12	0.18	0.3	0.48	0.75	1.2	1.8
6	10	0.4	0.6	1	1.5	2.5	4	6	9	15	22	36	58	90	0.15	0.22	0.36	0.58	0.9	1.5	2.2
10	18	0.5	0.8	1.2	2	3	5	8	11	18	27	43	70	110	0.18	0.27	0.43	0.7	1.1	1.8	2.7
18	30	0.6	1	1.5	2.5	4	6	9	13	21	33	52	84	130	0.21	0.33	0.52	0.84	1.3	2.1	3.3
30	50	0.7	1	1.5	2.5	4	7	11	16	25	39	62	100	160	0.25	0.39	0.62	1	1.6	2.5	3.9
50	80	0.8	1.2	2	3	5	8	13	19	30	46	74	120	190	0.3	0.46	0.74	1.2	1.9	3	4.6
80	120	1	1.5	2.5	4	6	10	15	22	35	54	87	140	220	0.35	0.54	0.87	1.4	2.2	3.5	5.4
120	180	1.2	2	3.5	5	8	12	18	25	40	63	100	160	250	0.4	0.63	1	1.6	2.5	4	6.3
180	250	2	3	4.5	7	10	14	20	29	46	72	115	185	290	0.46	0.72	1.15	1.85	2.9	4.6	7.2
250	315	2.5	4	6	8	12	16	23	32	52	81	130	210	320	0.52	0.81	1.3	2.1	3.2	5.2	8.1
315	400	3	5	7	9	13	18	25	36	57	89	140	230	360	0.57	0.89	1.4	2.3	3.6	5.7	8.9
400	500	4	6	8	10	15	20	27	40	63	97	155	250	400	0.63	0.97	1.55	2.5	4	6.3	9.7

附表 7　优先配合特性及应用举例

基孔制	基轴制	优先配合特性及应用举例
$\dfrac{H11}{c11}$	$\dfrac{C11}{h11}$	间隙很大，用于很松的、转动很慢的动配合；要求大公差与大间隙的外露组件；要求装配方便的很松的配合
$\dfrac{H9}{d9}$	$\dfrac{D9}{h9}$	间隙很大的自由转动配合，用于精度非主要要求时，或有大的温度变动、高转速或大的轴颈压力时
$\dfrac{H8}{f7}$	$\dfrac{F8}{h7}$	间隙不大的转动配合，用于中等转速与中等轴颈压力的精确转动；也用于装配较易的中等定位配合
$\dfrac{H7}{g6}$	$\dfrac{G7}{h6}$	间隙很小的滑动配合，用于不希望自由转动、但可自由移动和滑动并要求精密定位时，也可用于要求明确的定位配合
$\dfrac{H7}{h6}$ $\dfrac{H8}{h7}$ $\dfrac{H9}{h9}$ $\dfrac{H11}{h11}$	$\dfrac{H7}{h6}$ $\dfrac{H8}{h7}$ $\dfrac{H9}{h9}$ $\dfrac{H11}{h11}$	均为间隙定位配合，零件可自由装拆，而工作时一般相对静止不动。在最大实体条件下的间隙为零，在最小实体条件下的间隙由公差等级决定
$\dfrac{H7}{k6}$	$\dfrac{K7}{h6}$	过渡配合，用于精密定位
$\dfrac{H7}{n6}$	$\dfrac{N7}{h6}$	过渡配合，允许有较大过盈的更精密定位
$\dfrac{H7^{*}}{p6}$	$\dfrac{P7}{h6}$	过盈定位配合，即小过盈配合，用于定位精度特别重要时，能以最好的定位精度达到部件的刚性及对中性要求，或对内孔随压力无特殊要求，不依靠配合的紧固性传递摩擦负荷
$\dfrac{H7}{s6}$	$\dfrac{S7}{h6}$	中等压入配合，适用于一般钢件；或用于薄壁件的冷缩配合，用于铸铁件可得到最紧的配合
$\dfrac{H7}{u6}$	$\dfrac{U7}{h6}$	压入配合，适用于可以承受大压入力的零件或不宜承受大压入力的冷缩配合

注：＊小于或等于 3mm 的过渡配合。

公称尺寸 (mm) 大于	至	A	B	C	CD	D	E	EF	F	FG	G	H	JS	J IT6	J IT7	J IT8	K ≤IT8	K >IT8	M ≤IT8	M >IT8	N ≤IT8	N >IT8
—	3	+270	+140	+60	+34	+20	+14	+10	+6	+4	+2	0	偏差=±IT$_n$/2，式中IT$_n$是IT值	+2	+4	+6	0	0	-2	-2	-4	-4
3	6	+270	+140	+70	+46	+30	+20	+14	+10	+6	+4	0		+5	+6	+10	-1+Δ		-4+Δ	-4	-8+Δ	0
6	10	+280	+150	+80	+56	+40	+25	+18	+13	+8	+5	0		+5	+8	+12	-1+Δ		-6+Δ	-6	-10+Δ	0
10	14	+290	+150	+95		+50	+32		+16		+6	0		+6	+10	+15	-1+Δ		-7+Δ	-7	-12+Δ	0
14	18																					
18	24	+300	+160	+110		+65	+40		+20		+7	0		+8	+12	+20	-2+Δ		-8+Δ	-8	-15+Δ	0
24	30																					
30	40	+310	+170	+120		+80	+50		+25		+9	0		+10	+14	+24	-2+Δ		-9+Δ	-9	-17+Δ	0
40	50	+320	+180	+130																		
50	65	+340	+190	+140		+100	+60		+30		+10	0		+13	+18	+28	-2+Δ		-11+Δ	-11	-20+Δ	0
65	80	+360	+200	+150																		
80	100	+380	+220	+170		+120	+72		+36		+12	0		+16	+22	+34	-3+Δ		-13+Δ	-13	-23+Δ	0
120	140	+460	+260	+200		+145	+85		+43		+14	0		+18	+26	+41	-3+Δ		-15+Δ	-15	-27+Δ	0
140	160	+520	+280	+210																		
160	180	+580	+310	+230																		
180	200	+660	+340	+240		+170	+100		+50		+15	0		+22	+30	+47	-4+Δ		-17+Δ	-17	-31+Δ	0
200	225	+740	+380	+260																		
225	250	+820	+420	+280																		
250	280	+920	+480	+300		+190	+110		+56		+17	0		+25	+36	+55	-4+Δ		-20+Δ	-20	-34+Δ	0
280	315	+1050	+540	+330																		
315	355	+1200	+600	+360		+210	+125		+62		+18	0		+29	+39	+60	-4+Δ		-21+Δ	-21	-37+Δ	0
355	400	+1350	+680	+400																		
400	450	+1500	+760	+440		+230	+135		+68		+20	0		+33	+43	+66	-5+Δ		-23+Δ	-23	-40+Δ	0
450	500	+1650	+840	+480																		

注：
①公称尺寸小于或等于1mm时，基本偏差 A 和 B 及大于 IT8 的 N 均不采用。
②公差带 JS7～JS11，若 IT$_n$ 值数是奇数，则取偏差 = ±(IT$_n$-1)/2 。
③对小于或等于 IT8 的 K、M、N 和小于或等于 IT7 的 P～ZC，所需 Δ 值从表内右侧选取。例如：18～30mm 段的 K7：Δ=8μm，所以 ES = -2+8 = +6μm，18～30mm 段的 S6：Δ=4μm，所以 ES = -35+4 = -31μm。
④特殊情况：250～315mm 段的 M6，ES = -9μm（代替 -11μm）。

（GB/T 1800.1—2009）　　　　　　　　　　　　　　　　　　　　　　　　　　　　　　　単位：μm

基本偏差数值													Δ值					
上极限偏差 ES																		
≤IT7	标准公差等级大于IT7												标准公差等级					
P～ZC	P	R	S	T	U	V	X	Y	Z	ZA	ZB	ZC	IT3	IT4	IT5	IT6	IT7	IT8
	−6	−10	−14		−18		−20		−26	−32	−40	−60	0	0	0	0	0	0
	−12	−15	−19		−23		−28		−35	−42	−50	−80	1	1.5	1	3	4	6
	−15	−19	−23		−28		−34		42	−52	−67	−97	1	1.5	2	3	6	7
	−18	−23	−28	−15	−33		−40		−50	−64	−90	−130	1	2	3	3	7	9
						−39	−45		−60	−77	−108	−150						
	−22	−28	−35		−41	−47	−54	−63	−73	−98	−136	−188	1.5	2	3	4	8	12
				−41	−48	−55	−64	−75	−88	−118	−160	−218						
在大于IT7的相应数值上增加一个Δ值	−26	−34	−45	−48	−60	−68	−80	−94	−112	−148	−200	−274	1.5	3	4	5	9	14
				−54	−70	−81	−97	−114	−136	−180	−242	−325						
	−32	−41	−53	−66	−87	−102	−122	−144	−172	−226	−300	−405	2	3	5	6	11	16
		−43	−59	−75	−102	−120	−146	−174	−210	−274	−360	−480						
	−37	−51	−71	−91	−124	−146	−178	−214	−258	−335	−445	−585	2	4	5	7	13	19
		−54	−79	−104	−144	−172	−210	−254	−310	−400	−525	−690						
	−43	−63	−92	−122	−170	−202	−248	−300	−365	−470	−620	−800	3	4	6	7	15	23
		−65	−100	−134	−190	−228	−280	−340	−415	−535	−700	−900						
		−68	−108	−146	−210	−252	−310	−380	−465	−600	−780	−1000						
	−50	−77	−122	−166	−236	−284	−350	−425	−520	−670	−880	−1050	3	4	6	9	17	26
		−80	−130	−180	−258	−310	−385	−470	−575	−740	−960	−1250						
		−84	−140	−196	−284	−340	−425	−520	−640	−820	−1050	−1350						
	−56	−94	−158	−218	−315	−385	−475	−580	−710	−920	−1200	−1550	4	4	7	9	20	29
		−98	−170	−240	−350	−425	−525	−650	−790	−1000	−1300	−1700						
	−62	−108	−190	−268	−390	−475	−590	−730	−900	−1150	−1500	−1900	4	5	7	11	21	32
		−114	−208	−294	−435	−530	−660	−820	−1000	−1300	−1650	−2100						
	−68	−126	−232	−330	−490	−595	−740	−920	−1100	−1450	−1850	−2400	5	5	7	13	23	34
		−132	−252	−360	−540	−660	−820	−1000	−1250	−1600	−2100	−2600						

97

公称尺寸 (mm)		基本偏差数值																
大于	至	上极限偏差 ES												IT5 和 IT6	IT7	IT8	IT4～IT7	≤IT3 >IT7
		所有标准公差等级												j			k	
		a	b	c	cd	d	e	ef	f	fg	g	h	js					
—	3	270	−140	−60	−34	−20	−14	−10	−6	−4	−2	0		−2	−4	−6	0	0
3	6	270	−140	−70	−46	−30	−20	−14	−10	−6	−4	0		−2	−4		+1	0
6	10	−280	−150	−80	−56	−40	−25	−18	−13	−8	−5	0		−2	−5		+1	0
10	14	−290	−150	−95		−50	−32		−16		−6	0		−3	−6		+1	0
14	18																	
18	24	−300	−160	−110		−65	−40		−20		−7	0		−4	−8		+2	0
24	30																	
30	40	−310	−170	−120		−80	−50		−25		−9	0		−5	−10		+2	0
40	50	−320	−180	−130														
50	65	−340	−190	−140		−100	−60		−30		−10	0		−7	−12		+2	0
65	80	−360	−200	−150														
80	100	−380	−220	−170		−120	−72		−36		−12	0		−9	−15		+3	0
100	120	−410	−240	−180														
120	140	−460	−260	−200		−145	−85		−43		−14	0		−11	−18		+3	0
140	160	−520	−280	−210														
160	180	−580	−310	−230														
180	200	−660	−340	−240		−170	−100		−50		−15	0		−13	−21		+4	0
200	225	−740	−380	−260														
225	250	−820	−420	−280														
250	280	−920	−480	−300		−190	−110		−56		−17	0		−16	−26		+4	0
280	315	−1050	−540	−330														
315	355	−1200	−600	−360		−210	−125		−62		−18	0		−18	−28		+4	
355	400	−1350	−680	−400														
400	450	−1500	−760	−440		−230	−135		−68		20	0		−20	−32		+5	0
450	500	−1650	−840	−480														

js 列：偏差 = ±IT_n/2，式中 IT_n 是 IT 值

注：①公称尺寸小于或等于 1mm 时，基本偏差 a 和 b 均不采用。
　　②公差带 js7 至 js11，若 IT_n 值数是奇数，则取偏差 = ±(IT_n − 1)/2 。

下极限偏差 EI

所有标准公差等级

m	n	p	r	s	t	u	v	x	y	z	za	zb	zc
+2	+4	+6	+10	+14		+18		+20		+26	+32	+40	+60
+4	+8	+12	+15	+19		+23		+28		+35	+42	+50	+80
+6	+10	+15	+19	+23		+28		+34		+42	+52	+67	+97
+7	+12	+18	+23	+28		+33		+40		+50	+64	+90	+130
							+39	+45		+60	+77	+108	+150
+8	+15	+22	+28	+35		+41	+47	+54	+63	+73	+98	+136	+188
					+41	+48	+55	+64	+75	+88	+118	+160	+218
+9	+17	+26	+34	+43	+48	+60	+68	+80	+94	+112	+148	+200	+274
					+54	+70	+81	+97	+114	+136	+180	+242	+325
+11	+20	+32	+41	+53	+66	+87	+102	+122	+144	+172	+226	+300	+405
			+43	+59	+75	+102	+120	+146	+174	+210	+274	+360	+480
+13	+23	+37	+51	+71	+91	+124	+146	+178	+214	+258	+335	+445	+585
			+54	+79	+104	+144	+172	+210	+254	+310	+400	+525	+690
+15	+27	+43	+63	+92	+122	+170	+202	+248	+300	+365	+470	+620	+800
			+65	+100	+134	+190	+228	+280	+340	+415	+535	+700	+900
			+68	+108	+146	+210	+252	+310	+380	+465	+600	+780	+1000
+17	+31	+50	+77	+122	+166	+236	+284	+350	+425	+520	+670	+880	+1150
			+80	+130	+180	+258	+310	+385	+470	+575	+740	+960	+1250
			+84	+140	+196	+284	+340	+425	+520	+640	+820	+1050	+1350
+20	+34	+56	+94	+158	+218	+315	+385	+475	+580	+710	+920	+1200	+1550
			+98	+170	+240	+350	+425	+525	+650	+790	+1000	+1300	+1700
+21	+37	+62	+108	+190	+268	+390	+475	+590	+730	+900	+1150	+1500	+1900
			+114	+208	+294	+435	+530	+660	+820	+1000	+1300	+1650	+2100
+23	+40	+68	+126	+232	+330	+490	+595	+740	+920	+1100	+1450	+1850	+2400
			+132	+252	+360	+540	+660	+820	+1000	+1250	+1600	+2100	+2600

附表 10　直线度、平面度的公差值（摘自 GB/T 1184—1996）

主参数 L 图例

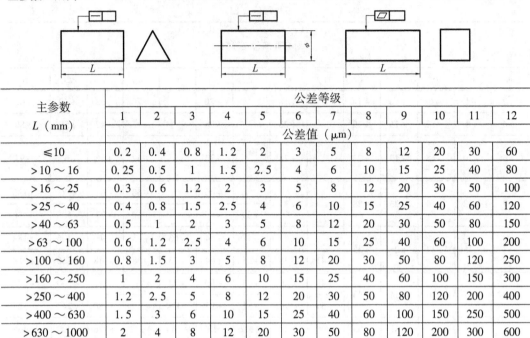

主参数	公差等级											
	1	2	3	4	5	6	7	8	9	10	11	12
L（mm）	公差值（μm）											
≤10	0.2	0.4	0.8	1.2	2	3	5	8	12	20	30	60
>10～16	0.25	0.5	1	1.5	2.5	4	6	10	15	25	40	80
>16～25	0.3	0.6	1.2	2	3	5	8	12	20	30	50	100
>25～40	0.4	0.8	1.5	2.5	4	6	10	15	25	40	60	120
>40～63	0.5	1	2	3	5	8	12	20	30	50	80	150
>63～100	0.6	1.2	2.5	4	6	10	15	25	40	60	100	200
>100～160	0.8	1.5	3	5	8	12	20	30	50	80	120	250
>160～250	1	2	4	6	10	15	25	40	60	100	150	300
>250～400	1.2	2.5	5	8	12	20	30	50	80	120	200	400
>400～630	1.5	3	6	10	15	25	40	60	100	150	250	500
>630～1000	2	4	8	12	20	30	50	80	120	200	300	600

附表 11　圆度、圆柱度的公差值（摘自 GB/T 1184—1996）

主参数 d(D) 图例

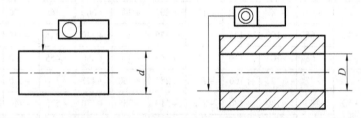

主参数	公差等级												
	0	1	2	3	4	5	6	7	8	9	10	11	12
d(D)（mm）	公差值（μm）												
≤3	0.1	0.2	0.3	0.5	0.8	1.2	2	3	4	6	10	14	25
>3～6	0.1	0.2	0.4	0.6	1	1.5	2.5	4	5	8	12	18	30
>6～10	0.12	0.25	0.4	0.6	1	1.5	2.5	4	6	9	15	22	36
>10～18	0.15	0.25	0.5	0.8	1.2	2	3	5	8	11	18	27	43
>18～30	0.2	0.3	0.6	1	1.5	2.5	4	6	9	13	21	33	52
>30～50	0.25	0.4	0.8	1	1.5	2.5	4	7	11	16	25	39	62
>50～80	0.3	0.5	1	1.2	2	3	5	8	13	19	30	46	74
>80～120	0.4	0.6	1	1.5	2.5	4	6	10	15	22	35	54	87
>120～180	0.6	1	1.2	2	3.5	5	8	12	18	25	40	63	100
>180～250	0.8	1.2	1.5	3	4.5	7	10	14	20	29	46	72	115

附表 12 平行度、垂直度、倾斜度的公差值（摘自 GB/T 1184—1996）

主参数 L、$d(D)$ 图例

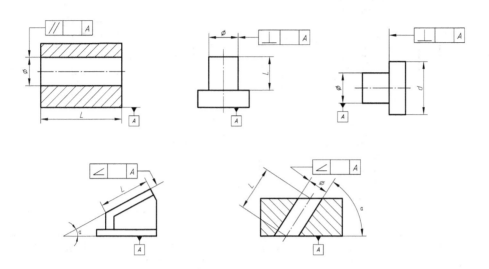

主参数 L、d（D）（mm）	公差等级											
	1	2	3	4	5	6	7	8	9	10	11	12
	公差值（μm）											
≤10	0.4	0.8	1.5	3	5	8	12	20	30	50	80	120
>10～16	0.5	1	2	4	6	10	15	25	40	60	100	150
>16～25	0.6	1.2	2.5	5	8	12	20	30	50	80	120	200
>25～40	0.8	1.5	3	6	10	15	25	40	60	100	150	250
>40～63	1	2	4	8	12	20	30	50	80	120	200	300
>63～100	1.2	2.5	5	10	15	25	40	60	100	150	250	400
>100～160	1.5	3	6	12	20	30	50	80	120	200	300	500
>160～250	2	4	8	15	25	40	60	100	150	250	400	600
>250～400	2.5	5	10	20	30	50	80	120	200	300	500	800
>400～630	3	6	12	25	40	60	100	150	250	400	600	1000
>630～1000	4	8	15	30	50	80	120	200	300	500	800	1200

附表13 同轴度、对称度、圆跳动和全跳动的公差值（摘自 GB/T 1184—1996）

主参数 d（D）、B、L 图例

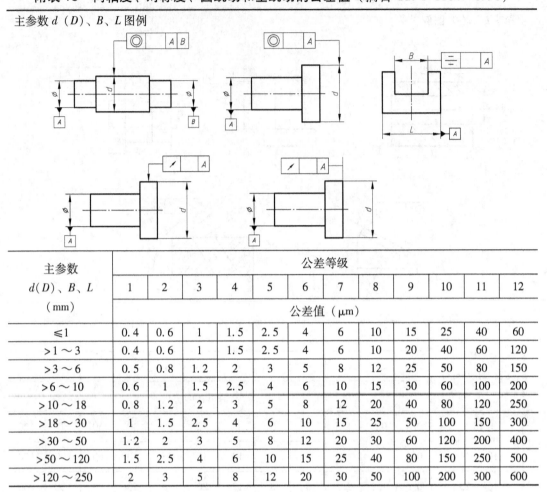

主参数	公差等级											
d（D）、B、L	1	2	3	4	5	6	7	8	9	10	11	12
（mm）	公差值（μm）											
≤1	0.4	0.6	1	1.5	2.5	4	6	10	15	25	40	60
>1～3	0.4	0.6	1	1.5	2.5	4	6	10	20	40	60	120
>3～6	0.5	0.8	1.2	2	3	5	8	12	25	50	80	150
>6～10	0.6	1	1.5	2.5	4	6	10	15	30	60	100	200
>10～18	0.8	1.2	2	3	5	8	12	20	40	80	120	250
>18～30	1	1.5	2.5	4	6	10	15	25	50	100	150	300
>30～50	1.2	2	3	5	8	12	20	30	60	120	200	400
>50～120	1.5	2.5	4	6	10	15	25	40	80	150	250	500
>120～250	2	3	5	8	12	20	30	50	100	200	300	600

附表14 直线度和平面度公差常用等级的应用举例

公差等级	应用举例
5	1级平板，2级宽平尺，平面磨床的纵导轨、垂直导轨、立柱导轨及工作台，液压龙门刨床和六角车床床身导轨，柴油机进气、排气阀门导杆
6	普通机床导轨面，如卧式车床、龙门刨床、滚齿机、自动车床等的床身导轨、立柱导轨，柴油机壳体
7	2级平板，机床主轴箱、摇臂钻床底座和工作台，镗床工作台，液压泵盖，减速器壳体结合面
8	机床传动箱体，交换齿轮箱体，车床溜板箱体，柴油机气缸体，连杆分离面，缸盖结合面，汽车发动机缸盖、曲轴箱结合面，液压管件和法兰连接面
9	3级平板，自动车床床身底面，摩托车箱体，汽车变速器壳体，手动机械的支承面

附表15 圆度和圆柱度公差常用等级的应用举例

公差等级	应用举例
5	一般计量仪器主轴、测杆外圆柱面，陀螺仪轴颈，一般机床主轴轴颈及主轴轴承孔，柴油机、汽油机活塞、活塞销、与6级滚动轴承配合的轴颈
6	仪表端盖外圆柱面，一般机床主轴及箱体孔，泵、压缩机的活塞、气缸，汽车发动机凸轮轴，减速器轴颈，高速船用柴油机、拖拉机曲轴主轴颈，与6级滚动轴承配合的外壳孔，与0级滚动轴承配合的轴颈
7	大功率低速柴油机曲轴轴颈、活塞、活塞销、连杆、气缸，高速柴油机箱体轴承孔，千斤顶或压力液压缸活塞，汽车传动轴，水泵及通用减速器轴颈，与0级滚动轴承配合的外壳孔
8	低速发动机，减速器，大功率曲柄轴轴颈，拖拉机汽缸体、活塞，印刷机传墨辊，内燃机曲轴，柴油机机体孔、凸轮轴，拖拉机、小型船用柴油机气缸套等
9	空气压缩机缸体，液压传动筒，通用机械杠杆与拉杆用套筒销子，拖拉机活塞环、套筒孔等

附表16 平行度、垂直度公差常用等级的应用举例

公差等级	平行度应用举例		垂直度应用举例
	面对面平行度	面对线、线对线平行度	
4，5	普通机床，测量仪器，量具的基准面和工作面，高精度轴承座圈，端盖，挡圈的端面等	机床主轴孔对基准面要求，重要轴承孔对基准面要求，主轴箱体重要孔间要求，齿轮泵的端面等	普通机床导轨，精密机床重要零件，机床重要支承面，普通机床主轴偏摆，测量仪器、刀具、量具，液压传动轴瓦端面，刀具、量具的工作面和基准面等
6，7，8	一般机床零件的工作面和基准面，一般刀具、量具、夹具等	机床一般轴承孔对基准面的要求，床头箱一般孔间要求，主轴花键对定心直径的要求，刀具，量具，模具等	普通精密机床主要基准面和工作面，回转工作台端面，一般导轨，主轴箱体孔、刀架、砂轮架及工作台回转中心，一般轴肩对其轴线等
9，10	低精度零件，重型机械滚动轴承端盖等	柴油机和燃气发动机的曲轴孔、轴颈等	花键轴轴肩端面，带式运输机法兰盘等的端面、轴线，手动卷扬机及传动装置中轴承端面，减速器壳体平面等

公差等级	应用举例
5, 6, 7	应用范围较广的公差等级。用于形位精度要求较高、尺寸公差等级为IT8及高于IT8的零件。5级常用于机床主轴轴颈，计量仪器的测杆，汽轮机主轴，柱塞油泵转子，高精度滚动轴承外圈，一般精度滚动轴承内圈；6、7用于内燃机曲轴、凸轮轴轴颈、齿轮轴、水泵轴、汽车后轮输出轴，电机转子、印刷机传墨辊的轴颈、键槽等
8, 9	常用于形位精度要求一般、尺寸公差等级为IT9～IT11的零件。8级用于拖拉机发动机分配轴轴颈，与9级精度以下齿轮相配的轴，水泵叶轮，离心泵体，棉花精梳机前后滚子，键槽等；9级用于内燃机气缸套配合面，自行车中轴等

附表18 典型零件的表面粗糙度数值选择

表面特征	部位		表面粗糙度数值 R_a 不大于（μm）		
滑动轴承的配合表面	表面		公差等级		液体摩擦
			IT7～IT9	IT11～IT12	
	轴		0.2～3.2	1.6～3.2	0.1～0.4
	孔		0.4～1.6	1.6～3.2	0.2～0.8
带密封的轴颈表面	密封方式		轴颈表面速度（m/s）		
			≤3	≤5	≥5	≤4
	橡胶		0.4～0.8	0.2～0.4	0.1～0.2	
	毛毡					0.4～0.8
	迷宫		1.6～3.2		
	油槽		1.6～3.2		
圆锥结合	表面		密封结合	定心结合	其他
	外圆锥表面		0.1	0.4	1.6～3.2
	内圆锥表面		0.2	0.8	1.6～3.2
螺纹	类别		螺纹精度等级		
			4	5	6
	粗牙普通螺纹		0.4～0.8	0.8	1.6～3.2
	细牙普通螺纹		0.2～0.4	0.8	1.6～3.2
键结合	结合型式		键	轴槽	毂槽
	工作表面	沿毂槽移动	0.2～0.4	1.6	0.4～0.8
		沿轴槽移动	0.2～0.4	0.4～0.8	1.6
		不动	1.6	1.6	1.6～3.2
	非工作表面		6.3	6.3	6.3
齿轮	部位		齿轮精度等数			
			6	7	8	9
	齿面		0.4	0.4～0.8	1.6	3.2
	外圆		1.6～3.2	1.6～3.2	1.6～3.2	3.2～6.3
	端面		0.4～0.8	0.8～3.2	0.8～3.2	3.2～6.3

附表 19　不同表面粗糙度的外观情况、加工方法和应用举例

R_a 值（不大于）（μm）	表面外观情况	主要加工方法	应用举例
50	明显可见刀痕	粗车、粗铣、粗刨、钻、粗纹锉刀和粗砂轮加工	粗糙度值最大的加工面，一般很少应用
25	可见刀痕		
12.5	微见刀痕	粗车、刨、立铣、平铣、钻	不接触表面，不重要的接触面，如螺钉孔、倒角、机座底面等
6.3	可见加工痕迹	精车、精铣、精刨、铰、镗、精磨等	没有相对运动的零件接触面，如箱、盖、套筒要求紧贴的表面、键和键槽工作表面；相对运动速度不高的接触面，如支架孔、衬套、带轮轴孔的工作面等
3.2	微见加工痕迹		
1.6	看不见加工痕迹		
0.8	可辨加工痕迹方向	精车、精铰、精拉、精镗、精磨等	要求很好密合的接触面，如滚动轴承配合的表面、锥销孔等；相对运动速度较高的接触面，如滑动轴承的配合表面、齿轮轮齿的工作表面等
0.4	微辨加工痕迹方向		
0.2	不可辨加工痕迹方向		
0.1	暗光泽面	研磨、抛光、超级精细研磨等	精密量具的表面、极重要零件的摩擦面，如气缸的内表面、精密机床的主轴颈、坐标镗床的主轴颈等
0.05	亮光泽面		
0.025	镜状光泽面		
0.012	雾状镜面		
0.006	镜面		

附表 20　表面粗糙度与尺寸公差、形状公差的对应关系

尺寸公差等级		IT5			IT6			IT7			IT8		
相应的形状公差		Ⅰ	Ⅱ	Ⅲ	Ⅰ	Ⅱ	Ⅲ	Ⅰ	Ⅱ	Ⅲ	Ⅰ	Ⅱ	Ⅲ
基本尺寸		表面粗糙度参数值（μm）											
至 18	R_a	0.20	0.10	0.05	0.40	0.20	0.10	0.80	0.40	0.20	0.80	0.40	0.20
	R_z	1.00	0.50	0.25	2.00	1.00	0.50	4.00	2.00	1.00	4.00	2.00	1.00
>18～50	R_a	0.40	0.20	0.10	0.80	0.40	0.20	1.60	0.80	0.40	1.60	0.80	0.40
	R_z	2.00	1.00	0.50	4.00	2.00	1.00	6.30	4.00	2.00	6.30	4.00	2.00
>50～120	R_a	0.80	0.40	0.20	0.80	0.40	0.20	1.60	0.80	0.40	1.60	1.60	0.80
	R_z	4.00	2.00	1.00	4.00	2.00	1.00	6.30	4.00	2.00	6.30	6.30	4.00
>120～500	R_a	0.80	0.40	0.20	1.60	0.80	0.40	1.60	1.60	0.80	1.60	1.60	0.80
	R_z	4.00	2.00	1.00	6.30	4.00	2.00	6.30	6.30	4.00	6.30	6.30	4.00

附表 21　普通螺纹的直径、螺距与基本尺寸（根据 GB/T 193—2003、GB/T 196—2003）

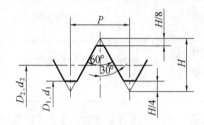

$$D_2 = D - 2 \times 3/8H = D - 0.6495P$$
$$d_2 = d - 2 \times 3/8H = d - 0.6496P$$
$$D_1 = D - 2 \times 5/8H = D - 1.0825P$$
$$d_1 = d - 2 \times 5/8H = d - 1.0825P$$
$$H = \frac{\sqrt{3}}{2}P = 0.866025404P$$

单位：mm

公称直径 D、d		螺距 P		粗牙中径 D_2，d_2	粗牙小径 D_1，d_1
第一系列	第二系列	粗牙	细牙	2.675	2.459
3		0.5	0.35	3.11	2.85
	3.5	0.6		3.545	3.242
4		0.7		4.013	3.688
	4.5	0.75	0.5	4.48	4.134
5		0.8		5.35	4.917
6		1	0.75	6.35	5.917
8		1.25	1，0.75	7.188	6.647
10		1.5	1.5，1.25，1，0.75	9.026	8.376
12		1.75	1.5，1.25，1	10.863	10.106
	14	2	1.5，(1.25)，1	12.701	11.835
16		2	1.5，1	14.701	13.835
	18	2.5		16.376	15.294
20		2.5		18.376	17.294
	22	2.5	2，1.5，1	20.376	19.294
24		3		22.051	20.752
	27	3		25.051	23.752
30		3.5	(3)，2，1.5，1	27.727	26.211
	33	3.5	(3)，2，1.5	30.727	29.211
36		4	3，2，1.5	33.402	31.64
	39	4		36.402	34.67
42		4.5		39.077	37.129
	45	4.5		42.077	40.129
48		5	4，3，2，1.5	44.752	42.587
	52	5		48.752	46.587
56		5.5		52.428	50.046
	60	5.5		56.428	54.046

注：①优先选用第一系列，括号内尺寸尽可能不用。
　　②公称直径 D、d 第三系列未列入。
　　③M14×1.25 仅用于火花塞。

附表 22　管螺纹

非螺纹密封的管螺纹（GB/T 7307—2001）

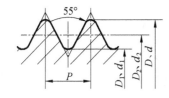

55°密封管螺纹（GB/T 7306.2—2000）

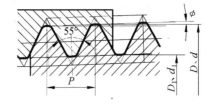

标　记　示　例

尺寸代号为 1/2，A 级右旋外螺纹：G1/2A

尺寸代号为 1/2，B 级左旋外螺纹：G1/2B – LH

尺寸代号为 1/2，右旋内螺纹：G1/2

标　记　示　例

尺寸代号为 1/2 的右旋圆锥外螺纹：$R_2 1/2$

尺寸代号为 1/2 的右旋圆锥内螺纹：$R_c 1/2$

尺寸代号	每 25.4mm 中的螺纹牙数 n	螺距 P	螺纹直径		基准距离
			大径 D，d	小径 D_1，d_1	
1/4	19	1.337	13.157	11.445	6
3/8	19	1.337	16.662	14.95	6.4
1/2	14	1.814	20.955	18.631	8.2
3/4	14	1.814	26.441	24.117	9.5
1	11	2.309	33.249	30.291	10.4
1 1/4	11	2.309	41.91	38.952	12.7
1 1/2	11	2.309	47.803	44.845	12.7
2	11	2.309	59.614	56.656	15.9

附表23　六角头螺栓（A和B级，GB/T 5782—2000）

单位：mm

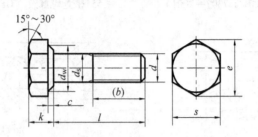

标　记　示　例

螺纹规格 d = M12，公称长度 l = 80，性能等级为8.8级，表面氧化，A级的六角头螺栓，其标记为：

螺栓　GB/T 5782　M12×80

螺纹规格 d	M3	M4	M5	M6	M8	M10	M12	M16	M20	M24	M30	M36	M42	M48
b 参考　$l \leqslant 125$	12	14	16	18	22	26	30	38	46	54	66	—	—	—
b 参考　$125 < l \leqslant 200$	18	20	22	24	28	32	36	44	52	60	72	84	96	108
b 参考　$l > 200$	31	33	35	37	41	45	49	57	65	73	85	97	109	121
c min	0.15	0.15	0.15	0.15	0.15	0.15	0.15	0.15	0.15	0.15	0.2	0.2	0.3	0.3
c max	0.4	0.4	0.4	0.4	0.5	0.5	0.5	0.6	0.6	0.6	0.8	0.8	1	1
d_s max	3	4	5	6	8	10	12	16	20	24	30	36	42	48
d_s min　A（产品等级）	2.86	3.82	4.82	5.82	7.78	9.78	11.73	15.73	19.67	23.67	—	—	—	—
d_s min　B（产品等级）	2.75	3.70	4.70	5.70	7.64	9.64	11.57	15.57	19.48	23.48	29.48	35.38	41.38	47.38
d_w min　A（产品等级）	4.57	5.88	6.88	8.88	11.63	14.63	16.63	22.49	28.19	33.61	—	—	—	—
d_w min　B（产品等级）	4.45	5.74	6.74	8.74	11.47	14.47	16.47	22	27.7	33.25	42.75	51.11	59.95	69.45
e min　A（产品等级）	6.01	7.66	8.79	11.1	14.38	17.77	20.03	26.75	33.53	39.98	—	—	—	—
e min　B（产品等级）	5.88	7.5	8.63	10.9	14.2	17.59	19.85	26.17	32.95	39.55	50.85	60.79	72.02	82.6
l_f max	1	1.2	1.2	1.4	2	2	3	3	4	4	6	6	8	10
k 公称	2	2.8	3.5	4	5.3	6.4	7.5	10	12.5	15	18.7	22.5	26	30
k 产品等级 A min	1.875	2.675	3.35	3.85	5.15	6.22	7.32	9.82	12.285	14.785	—	—	—	—
k 产品等级 A max	2.125	2.925	3.65	4.15	5.45	6.58	7.68	10.18	12.715	15.215	—	—	—	—
k 产品等级 B min	1.8	2.6	3.26	3.76	5.06	6.11	7.21	9.71	12.15	14.65	18.28	22.08	25.58	29.58
k 产品等级 B max	2.2	3	3.74	4.24	5.54	6.69	7.79	10.29	12.85	15.35	19.12	22.92	26.42	30.42
s max = 公称	5.5	7	8	10	13	16	18	24	30	36	46	55	65	75
s min　A（产品等级）	5.32	6.78	7.78	9.78	12.73	15.73	17.73	23.67	29.67	35.38	—	—	—	—
s min　B（产品等级）	5.5	6.64	7.64	9.64	12.57	15.57	17.57	23.16	29.16	35	45	53.8	63.8	73.1
l（商品规格范围及通用规格）	20～30	25～40	25～50	30～60	40～80	45～100	50～120	65～160	80～200	90～240	110～300	140～360	160～440	180～480

l 系列：20, 25, 30, 35, 40, 45, 50,（55）, 60,（65）, 70, 80, 90, 100, 110, 120, 130, 140, 150, 160, 180, 200, 220, 240, 260, 280, 300, 320, 340, 360, 380, 400, 420, 440, 460, 480, 500

注：A和B为产品等级，A级用于 $d \leqslant 24$ 或 $l \leqslant 10d$ 或 $\leqslant 150$ mm（按较小值）的螺栓；

B级用于 $d > 24$ 或 $l > 10d$ 或 > 150 mm（按较小值）的螺栓。尽可能不采用括号内的规格。

附表 24 Ⅰ型六角螺母—A 和 B 级 (GB/T 6170—2000)

单位：mm

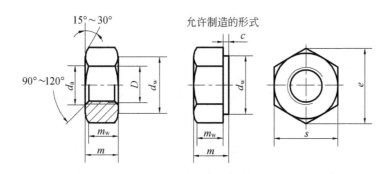

标 记 示 例

螺纹规格 D = M12、性能等级为 8 级、不经表面处理、A 级的 Ⅰ型六角螺母，其标记为：

螺母 GB/T 6170 M12

螺纹规格 D		M2	M2.5	M3	M4	M5	M6	M8	M10	M12
P		0.4	0.45	0.5	0.7	0.8	1	1.25	1.5	1.75
c	max	0.2	0.3	0.4			0.5		0.6	
	min	0.1					0.15			
d_a	max	2.3	2.9	3.45	4.6	5.75	6.75	8.75	10.8	13
	min	2	2.5	3	4	5	6	8	10	12
d_w	min	3.1	4.1	4.6	5.9	6.9	8.9	11.6	14.6	16.6
e	min	4.32	5.45	6.01	7.66	8.79	11.05	14.38	17.77	20.03
m	max	1.6	2	2.4	3.2	4.7	5.2	6.8	8.4	10.8
	min	1.35	1.75	2.15	2.9	4.4	4.9	6.44	8.04	10.37
m_w	min	1.1	1.4	1.7	2.3	3.5	3.9	5.2	6.4	8.3
s	max	4	5	5.5	7	8	10	13	16	18
	min	3.82	4.82	5.32	6.78	7.78	9.78	12.73	15.73	17.73
螺纹规格 D		M16	M20	M24	M30	M36	M42	M48	M56	M64
P		2	2.5	3	3.5	4	4.5	5	5.5	6
c	max	0.8					1			
	min	0.2					0.3			
d_a	max	17.3	21.6	25.9	32.4	38.9	45.4	51.8	60.5	69.1
	min	16	20	24	30	36	42	48	56	64
d_w	min	22.5	27.7	33.3	42.8	51.1	60	69.5	78.7	88.2
e	min	26.75	32.95	39.55	50.85	60.79	71.3	82.6	93.56	104.86
m	max	14.8	18	21.5	265.6	31	34	38	45	51
	min	14.1	16.9	20.2	24.3	29.4	32.4	36.4	43.4	49.1
m_w	min	11.3	13.5	16.2	19.4	23.5	25.9	29.1	34.7	39.3
s	max	24	30	36	46	55	65	75	85	95
	min	23.67	29.16	35	45	53.8	63.1	73.1	82.8	92.8

注：①A 级用于 $D \leqslant 16$ 的螺母；B 级用于 $D > 16$ 的螺母。

②P 为螺距。

附表 25 普通平键的型式和尺寸（根据 GB/T 1096—2003）

单位：mm

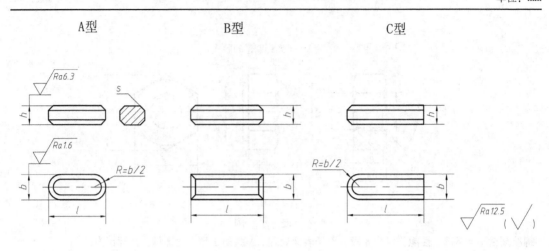

标 记 示 例

圆头普通平键（A 型）$b = 18\text{mm}$，$h = 11\text{mm}$，$L = 100\text{mm}$：键 $18 \times 11 \times 100$ GB/T 1096—2003

平头普通平键（B 型）$b = 18\text{mm}$，$h = 11\text{mm}$，$L = 100\text{mm}$：键 B$18 \times 11 \times 100$ GB/T 1096—2003

单圆头普通平键（C 型）$b = 18\text{mm}$，$h = 11\text{mm}$，$L = 100\text{mm}$：键 C$18 \times 11 \times 100$ GB/T 1096—2003

宽度 b	2	3	4	5	6	8	10	12	14	16	18	20	22	25
高度 h	2	3	4	5	6	7	8	8	9	10	11	12	14	14
倒角或圆角 s	0.16～0.25			0.25～0.40			0.40～0.80					0.60～0.80		
长度 L	6～20	6～36	8～45	10～56	14～70	18～90	22～110	28～140	36～160	45～180	50～200	56～220	63～250	70～280
L 系列	6, 8, 10, 12, 14, 16, 18, 20, 22, 25, 28, 32, 36, 40, 45, 50, 56, 63, 70, 80, 90, 100, 110, 125, 140, 180, 200 等													

注：倒角时在 s 值前注写 C，倒圆时在 s 值前注写 R。

附表 26　普通平键键槽的尺寸与公差（根据 GB/T 1095—2003）

单位：mm

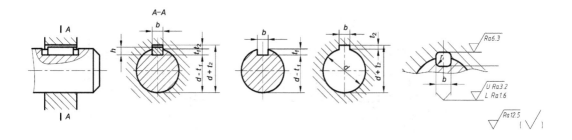

轴的直径 d	键尺寸 $b \times h$	宽度 b 基本尺寸	极限偏差 正常连接 轴 N9	极限偏差 正常连接 毂 JS9	极限偏差 紧密连接 轴和毂 P9	极限偏差 松连接 轴 H9	极限偏差 松连接 毂 D10	深度 轴 t_1 基本尺寸	深度 轴 t_1 极限偏差	深度 毂 t_2 基本尺寸	深度 毂 t_2 极限偏差	半径 r min	半径 r max
自 6～8	2×2	2	−0.004 / −0.029	±0.0125	−0.060 / −0.031	+0.025 / 0	+0.060 / +0.020	1.2	+0.1 / 0	1.0	+0.1 / 0	0.08	0.16
>8～10	3×3	3	−0.004 / −0.029	±0.0125	−0.060 / −0.031	+0.025 / 0	+0.060 / +0.020	1.8	+0.1 / 0	1.4	+0.1 / 0	0.08	0.16
>10～12	4×4	4	0 / −0.030	±0.015	−0.012 / −0.042	+0.030 / 0	+0.078 / +0.030	2.5	+0.1 / 0	1.8	+0.1 / 0	0.16	0.25
>12～17	5×5	5	0 / −0.030	±0.015	−0.012 / −0.042	+0.030 / 0	+0.078 / +0.030	3.0	+0.1 / 0	2.3	+0.1 / 0	0.16	0.25
>17～22	6×6	6	0 / −0.030	±0.015	−0.012 / −0.042	+0.030 / 0	+0.078 / +0.030	3.5	+0.1 / 0	2.8	+0.1 / 0	0.16	0.25
>22～30	8×7	8	0 / −0.036	±0.018	−0.015 / −0.051	+0.036 / 0	+0.098 / +0.040	4.0	+0.2 / 0	3.3	+0.2 / 0	0.16	0.25
>30～38	10×8	10	0 / −0.036	±0.018	−0.015 / −0.051	+0.036 / 0	+0.098 / +0.040	5.0	+0.2 / 0	3.3	+0.2 / 0	0.16	0.25
>38～44	12×8	12	0 / −0.043	±0.026	+0.018 / −0.061	+0.043 / 0	+0.120 / +0.050	5.0	+0.2 / 0	3.3	+0.2 / 0	0.25	0.4
>44～50	14×9	14	0 / −0.043	±0.026	+0.018 / −0.061	+0.043 / 0	+0.120 / +0.050	5.5	+0.2 / 0	3.8	+0.2 / 0	0.25	0.4
>50～58	16×10	16	0 / −0.043	±0.026	+0.018 / −0.061	+0.043 / 0	+0.120 / +0.050	6.0	+0.2 / 0	4.3	+0.2 / 0	0.25	0.4
>58～65	18×11	18	0 / −0.043	±0.026	+0.018 / −0.061	+0.043 / 0	+0.120 / +0.050	7.0	+0.2 / 0	4.4	+0.2 / 0	0.25	0.4
>65～75	20×12	20	0 / −0.052	±0.031	+0.022 / −0.074	+0.052 / 0	+0.149 / +0.065	7.5	+0.2 / 0	4.9	+0.2 / 0	0.4	0.6
>75～85	22×14	22	0 / −0.052	±0.031	+0.022 / −0.074	+0.052 / 0	+0.149 / +0.065	9.0	+0.2 / 0	5.4	+0.2 / 0	0.4	0.6
>85～95	25×14	25	0 / −0.052	±0.031	+0.022 / −0.074	+0.052 / 0	+0.149 / +0.065	9.0	+0.2 / 0	5.4	+0.2 / 0	0.4	0.6
>95～110	28×16	28	0 / −0.052	±0.031	+0.022 / −0.074	+0.052 / 0	+0.149 / +0.065	10.0	+0.2 / 0	6.4	+0.2 / 0	0.4	0.6
>110～130	32×18	32	0 / −0.062	±0.037	−0.026 / −0.088	+0.062 / 0	+0.180 / +0.080	11.0	+0.3 / 0	7.4	+0.3 / 0	0.7	1.0
>130～150	36×20	36	0 / −0.062	±0.037	−0.026 / −0.088	+0.062 / 0	+0.180 / +0.080	12.0	+0.3 / 0	8.4	+0.3 / 0	0.7	1.0
>150～170	40×22	40	0 / −0.062	±0.037	−0.026 / −0.088	+0.062 / 0	+0.180 / +0.080	13.0	+0.3 / 0	9.4	+0.3 / 0	0.7	1.0
>170～200	45×25	45	0 / −0.062	±0.037	−0.026 / −0.088	+0.062 / 0	+0.180 / +0.080	15.0	+0.3 / 0	10.4	+0.3 / 0	0.7	1.0

注：①在工作图中轴槽深用 $(d - t_1)$ 或 t_1 标注，轮毂槽深采用 $(d + t_2)$ 标注。

②$(d - t_1)$ 和 $(d + t_2)$ 两组组合尺寸的极限偏差按相应的 t_1 和 t_2 的极限偏差选取，但 $(d - t_1)$ 极限偏差应取负号（−）。

附表27 螺纹的倒角与退刀槽

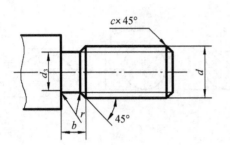
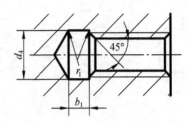

螺距 P	粗牙螺纹大径 d	外螺纹					内螺纹			
		退刀槽				倒角 C	退刀槽			
		b \ 一般	b \ 窄的	r	d_3		b_1 \ 一般	b_1 \ 窄的	r_1	d_4
0.5	3	1.5	1	0.5P	d − 0.2	0.5	2	1.5	0.5P	d + 0.3
0.6	3.5	1.8	1	0.5P	d − 1.0	0.5	2	1.5	0.5P	d + 0.3
0.7	4	2.1	1	0.5P'	d − 1.1	0.6	3	1.5	0.5P	d + 0.3
0.75	4.5	2.25	1.5	0.5P	d − 1.2	0.6	3	2	0.5P	d + 0.3
0.8	5	2.4	1.5	0.5P	d − 1.3	0.8	3	2	0.5P	d + 0.3
1	6；7	3	1.5	0.5P	d − 1.6	1	4	2.5	0.5P	d + 0.5
1.25	8	3.75	1.5	0.5P	d − 2.0	1.2	5	3	0.5P	d + 0.5
1.5	10	4.5	2.5	0.5P	d − 2.3	1.5	6	4	0.5P	d + 0.5
1.75	12	5.25	2.5	0.5P	d − 2.6	2	7	4	0.5P	d + 0.5
2	14；16	6	3.5	0.5P	d − 3.0	2	8	5	0.5P	d + 0.5
2.5	18；20；22	7.5	3.5	0.5P	d − 3.6	2.5	10	6	0.5P	d + 0.5
3	24；27	9	4.5	0.5P	d − 4.4	2.5	12	7	0.5P	d + 0.5
3.5	30；33	10.5	4.5	0.5P	d − 5.0	3	14	8	0.5P	d + 0.5
4	36；39	12	5.5	0.5P	d − 5.7	3	16	9	0.5P	d + 0.5
4.5	42；45	13.5	6	0.5P	d − 6.4	4	18	10	0.5P	d + 0.5
5	48；52	15	6.5	0.5P	d − 7.0	4	20	11	0.5P	d + 0.5
5.5	56；60	17.5	7.5	0.5P	d − 7.7	5	22	12	0.5P	d + 0.5
6	64；68	18	8	0.5P	d − 8.3	5	24	14	0.5P	d + 0.5

附表28　回转面及端面砂轮越程槽的型式及尺寸

单位：mm

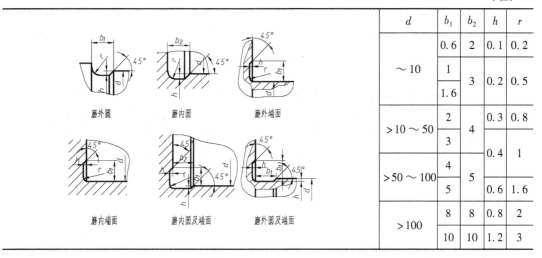

磨外圆　　磨内圆　　磨外端面

磨内端面　　磨内圆及端面　　磨外圆及端面

d	b_1	b_2	h	r
～10	0.6	2	0.1	0.2
	1	3	0.2	0.5
	1.6			
>10～50	2	4	0.3	0.8
	3		0.4	1
>50～100	4	5		
	5		0.6	1.6
>100	8	8	0.8	2
	10	10	1.2	3

附表29　圆柱形轴伸（GB/T 1569—2005）

单位：mm

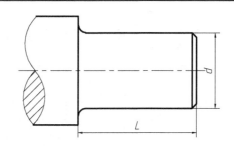

d		L		d		L	
基本尺寸	极限偏差	长系列	短系列	基本尺寸	极限偏差	长系列	短系列
6	+0.06 −0.02	16	—	32	+0.018 +0.002 k6	80	50
7				35			
8	+0.007 −0.002			38			
9		20		40		110	82
10				42			
11	+0.008 −0.003 j6	23	20	45			
12				48			
14		30	25	50			
16				55	+0.030 +0.011 m6		
18				56			
19		40	28	60			
20				63		140	105
22				65			
24	+0.009 −0.004	50	36	70			
25				71			
28		60	42	75			
30		80	58	80		170	130
				85	+0.035 +0.013		

附表 30　圆锥形轴伸（GB/T 1570—2005）

单位：mm

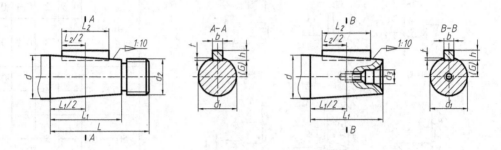

d	L	L_1	L_2	b	h	d_1	t	(G)	d_2	d_3	L_3
6	16	10	6			5.5			M4		
7						6.5					
8	20	12	8	—	—	7.4	—	—	M6	—	—
9						8.4					
10	23	15	12			9.25					
11				2	2	10.25	1.2	3.9			
12	30	18	16			11.1		4.3	M8 × 1	M4	10
14				3	3	13.1	1.8	4.7			
16						14.6		5.5			
18	40	28	25			16.6		5.8	M10 × 1.25	M5	13
19				4	4	17.6		6.3			
20						18.2	2.5	6.6	M12 × 1.25	M6	16
22	50	36	32			20.2		7.6			
24						22.2		8.1			
25	60	42	36			22.9		8.4	M16 × 1.5	M8	19
28				5	5	25.9	3	9.9			
30						27.1		10.5			
32	80	58	50			29.1		11	M20 × 1.5	M10	22
35				6	7	32.1	3.5	12.5			
38						35.1		14			
40				10		35.9		12.9	M24 × 2	M12	28
42						37.9		13.9			
45	110	82	70	12	8	40.9	5	15.4	M30 × 2	M16	36
48						43.9		16.9			
50						45.9		17.9	M36 × 3		

参考文献

[1]朱中平,朱晨曦.新版五金工具与电动工具使用手册.北京:机械工业出版社,2001

[2]薛岩,刘永田.公差配合新标准解读与应用实例.北京:化学工业出版社,2014

[3]钱可强,赵洪庆.零部件测绘实训教程.北京:高等教育出版社,2007

[4]李月琴,何培英,段红杰.机械零部件测绘.北京:中国电力出版社,2007

[5]李明.工程制图课程测绘实训.合肥:合肥工业大学出版社,2008

[6]王冰.机械制图测绘及学习与训练指导.北京:高等教育出版社,2003

[7]李勤伟,贺爱东.机械制图.广州:华南理工大学出版社,2010

[8]中华人民共和国国家标准.机械制图.北京:中国标准出版社,2011